最美儿童房设计1200例 男孩房

深圳市智美精品文化传播有限公司 编

大连理工大学出版社
Dalian University of Technology Press

图书在版编目 (CIP) 数据

男孩房 / 深圳市智美精品文化传播有限公司编 . ——
大连 : 大连理工大学出版社 , 2013.6
　　（最美儿童房设计 1200 例）
ISBN 978-7-5611-7837-9

Ⅰ . ①男… Ⅱ . ①深… Ⅲ . ①儿童 – 卧室 – 室内装饰
设计 – 图集 Ⅳ . ① TU241-64

中国版本图书馆 CIP 数据核字 (2013) 第 100311 号

出版发行：大连理工大学出版社
　　　　　（地址：大连市软件园路 80 号 邮编：116023）
印　　刷：深圳市精彩印联合印务有限公司
幅面尺寸：210mm×260mm
印　　张：5
出版时间：2013 年 6 月第 1 版
印刷时间：2013 年 6 月第 1 次印刷
策划编辑：袁　斌 刘　蓉
责任编辑：刘　蓉
责任校对：李　雪
封面设计：李红靖

ISBN 978-7-5611-7837-9
定　　价：29.80 元

电话：0411-84708842
传真：0411-84701466
邮购：0411-84703636
E-mail:designbooks_dutp@yahoo.com.cn
URL:http://www.dutp.cn

如有质量问题请联系出版中心：（0411）84709246 84709043

最美儿童房
设计 1200 例
男孩房

目录

0~6 岁学龄前期儿童房设计方法

此 时期的房间设计要关心的是安全性与有启蒙作用的彩色图案。刚出生的婴儿还太小，常和父母一起睡，他们对于儿童房的感知还相对较弱。但从一岁起，许多家长便开始尝试让孩子在独立的房间内休息。这个年龄段是孩子成长过程中打基础的时期，也是初步培养孩子兴趣的阶段。因此，在儿童房设计上，安全性是一个重要方面，而房间的色彩和图案方面也应力求多样化，让孩子对色彩和图案有初步的认知。

其实，为 0~3 岁婴幼儿设计的房间无需强调性别特征，但房间的色彩和图案一定要具有可看性，最好使用像红色、黄色、蓝色、绿色等简单明了的色彩，并与自然界中的太阳、月亮、星星、花草等图案相联系，像在天花板上悬挂月亮、星星造型的灯，以启发孩子对色彩和物品的初步认识。但是，儿童房的色彩不能太过鲜艳，以免过于刺激孩子的视觉。

宝宝的房间是休息和学习的地方，房间的布置直接影响宝宝的身心发展。因此，应该根据宝宝的年龄、性别和爱好，从实用、经济和美观角度入手，将其布置得朴素、整洁、安全、实用。

首先，要将房间作为一个整体，家具和用品要协调一致，主次分明，才能显得活泼和有生气。墙上可挂上科学家或艺术家的肖像画，为宝宝树立学习的榜样。挂的位置要参考宝宝的身高，一般要高于宝宝视线 30 厘米左右，并不定期地进行更换。此外，房间不要张贴过多的色彩鲜艳、刺激的图片，以免影响宝宝的情绪。

其次，室内家具应简单实用，床具最好靠墙；可在窗前设置一桌一椅，便于看书学习。不要让宝宝睡沙发式的软床，也没有必要在宝宝的房间里摆放沙发。其他衣物和生活用品，应放在箱子或柜子里，摆得整齐有序。此外，还要尽量给宝宝的房间留下一定的活动空间。

再次，宝宝屋中的清洁卫生应由宝宝负责，家长起督促检查作用，必要时提供帮助，这样有助于培养孩子独立、自理的能力。

POINT   空间解析

1、2. 儿童房的设计要富有变化，因为孩子在成长过程中心理、兴趣都在发生着改变，这里充满生机的墙面彩绘和仿木屋打造的床框便是个不错的选择，既满足了孩子追求新奇的心理，又带给他们大自然般的生活体验，在充满新鲜感和自然元素的空间里，成长也变得愉悦起来。

婴儿房布置的 16 个小细节（一）

1. 空气

婴儿的居室不论春夏秋冬，只要天气晴朗，就应每天定时开窗通风，保持空气清新。通风时可把宝宝抱到另外的房间，以免宝宝吹风受凉。

一般家庭中，儿童房相对小些，因而很容易造成空气污染。家长要注意在宝宝房内应禁止吸烟，刚出院的宝宝，1 个月以内应尽量避免众多亲朋好友的来访探视，以免一些病毒也随之而来，传染宝宝。

2. 温度和湿度

宝宝房间的温度以 18℃～22℃为宜，湿度应保持在 50% 左右。冬季可以借助于空调、取暖器等设备来维持房间内的温度。家长可能会忽略掉室内湿度的问题，冬季北方空气干燥，可以在室内挂湿毛巾或使用加湿器等来保湿。夏季，宝宝的居室要凉爽通风，但要避免风扇及窗口的风直吹，必要时可用空调降温。

3. 床

婴儿的小床应该有护栏，以防婴儿摔出去。护栏的高度不应低于婴儿身长的 2/3，以免婴儿站立时跌出。

要尽量选择圆柱形的护栏，两个栅栏之间的距离不可超过 6 厘米，以防止宝宝把头伸入栅栏之间。有些妈妈喜欢花纹比较复杂、雕饰比较多的婴儿床，事实上，这样的床对孩子来说是不安全的。因为床栏或床身上凸起的雕饰容易勾住孩子的衣物，孩子在竭力挣脱时，就有可能碰撞受伤。

正在长牙的宝宝喜欢用嘴巴啃东西，因此，床缘的双边横杆必须装上保护套，家长尤应注意金属材料的婴儿床，绝对不能含有铅等对孩子身体有害的元素。

婴儿床两边的床缘通常有两个高低调整位置，此类调整控制必须设有防范儿童的固定卡锁机能（即儿童无法自己把床缘降下）。

4. 床垫

宝宝的床垫也马虎不得。当床垫调到其最高位置时，它与床缘的距离至少要有 25 厘米。床垫要与床架紧紧密合，以防宝宝探头进去。在床垫的选择上，传统的棉制被褥是不错的选择，或者使用以棕为填充物的床垫。儿童床垫应设计成较硬的结构，因为在儿童的发育过程中，过早地使用太软的弹簧床垫，会造成儿童脊椎变形。在购床时，一般都配有床垫，建议同时购买。

5. 褥子

婴儿的小褥子最好使用白色或浅色的棉布做罩，以便及时查看婴儿的大小便颜色。褥子应用棉花填充，有人认为腈纶棉易洗易干也未尝不可，但还是纯棉的通气性和舒适保暖性更好些。小褥子上不要直接放塑料布，以防止婴儿翻动时塑料布蒙住头部；二是塑料不透气，会使婴儿出现红臀等情况，如果放的话，要放在褥子下，起到隔尿作用。

6. 枕头

一般来讲，婴儿枕的宽度要与头长相等，而枕头的长度，应该与他的肩宽相同。小枕头的高度只需 3 厘米至 4 厘米就可以了。如果婴儿的枕头太大太软，婴儿在俯卧位时容易把头埋入枕头而出现窒息。由于婴儿出汗多，枕头的材料应该是吸汗、通气的，比如外面是纯棉软布的，里面填充上荞麦皮、茶叶、菊花等。

1~3. 将婴儿房打造成一个专属的乐园，明亮的色彩加上新奇的设计和男孩钟爱的卡通形象，让孩子爱上自己的小窝，从小学会独立。另外，抬高的地台区分出睡眠区和活动区，柜体也以平滑的表面保证墙面的整体性，将收纳隐于无形，也培养了孩子自己整理房间的习惯。

4. 对于还没有自理能力的宝宝，有护栏和挡板的婴儿床是最安全的，再配上大大的窗，为孩子营造出一个安全又明亮的环境。

5. 蓝色是男孩房设计时的常用色。图中以蓝色为主调，加入一些其他色彩的卡通图案作点缀，丰富了空间的色彩，也让空间更显活力。

以抬高地台的形式划分功能空间，既明朗又不会浪费空间，而结合窗台的设计更是加强了空间的休闲感，让孩子有一个自由而放松的私人空间。

装修中的儿童房保健

孩子的房间装修是家装过程中的重中之重，而装修又是造成室内环境污染的主要因素，装修污染会对居住者的健康造成不利影响，尤其对生长期儿童的健康危害更大。在装修中避免儿童房室内环境污染极其重要，要在以下几方面充分重视。

第一，装修设计时要采用室内空气质量预评价方法，预测装修后的室内环境中的有害物质释放浓度，并且要预留一定的释放量浮动空间。因为即使装修后的室内环境达标，但在摆设家具以后，家具也会释放一定量的室内环境污染物质；

第二，要选用有害物质限量达标的装修材料；

第三，施工中的辅材也要采用环保型材料，特别是防水涂料、胶粘剂、油漆溶剂（稀料）、腻子粉等；

第四，应崇尚简约装修，尽量减少材料使用量和施工量；

第五，房间内最好不要贴壁纸，这样可以减少污染源；

第六，儿童房不要使用天然石材，如大理石和花岗岩，它们是造成室内氡污染的主要原因；

第七，儿童房的油漆和涂料最好选用水性的，虽然价格可能会高一些；颜色上不要选择太过鲜艳的，越鲜艳的油漆和涂料中的重金属物质含量越高，这些重金属物质与孩子接触，容易造成孩子铅、汞中毒；

第八，要与装修公司签订环保装修合同，合同中应要求施工方在竣工时提供加盖 CMA（中国质量认证）章的室内环境检测报告；

第九，购买家具时，最好选择实木家具，家具油漆最好是水性的，购买时要看有没有环保检测报告；

第十，儿童房内不要铺装塑胶地板，市面上的一些泡沫塑料制品（类似于拖鞋材料），如地板拼图，会释放出大量的挥发性有机物质，可能会对孩子的健康造成不利影响。

彩色条纹的床品搭配灰蓝色床架和菱格地毯别有一番风味，加上独特的窗帷设计和壁画，流露出一股小清新。

婴儿房布置的 16 个小细节（二）

7. 被子

小宝宝被子的里和面应选择浅色的全棉软布或全棉绒布，内衬新棉花。被子要根据婴儿的身长而特制，太长太大不仅盖起来沉重，妈妈抱起时，也会拖拖挂挂很不方便。特别是在婴儿会翻身后，被子太长，还容易裹住婴儿导致窒息。一般来说，被子比宝宝的身长长 20 厘米~ 30 厘米比较恰当。

8. 天花板

婴儿会花大量的时间望着天花板，因此，要将天花板涂上鲜艳的颜色。但是，不要等到最后才涂漆。至少要在入住的前 1 个月给房间涂漆，这样才能保证有充足的时间让难闻的油漆味散尽。

9. 地板

室内应避免选用石材地面，以防宝宝摔倒出现意外。儿童房内不要铺装塑胶地板，最好选用易清洁的强化地板或不易跌倒受伤的软木地板。

10. 地毯

如果打算在坚硬的地面上铺地毯，首先应该弄清楚原地表的光滑度。太光滑的地毯容易滑动，在铺地毯前要在硬地表上设一个衬层（塑胶制成），并固定好四周的地毯边。地毯要经常清洗，以免造成螨虫或者细菌污染。

11. 墙面

儿童房施工中要采用环保型材料，油漆和涂料最好选用水性的（价格可能会高一些），颜色不要选择太鲜艳的，鲜艳的油漆和涂料中的重金属物质含量相对要高，这些重金属物质与孩子接触容易造成铅、汞中毒。

12. 电器

宝宝的好奇心很强，只要墙壁上有洞，或是有凸起物，他们都会想伸手抠一抠，动一动。因此，婴儿房里若有插座或电器开关，最好让它远离宝宝的视线范围（用家具挡住），或是超出他所能够到的高度；若使用延长线，最好将其固定在墙边，不要散落在地面上；也可以买电源保护器。

13. 空调、电暖气、电风扇

使用空调后，不论冬夏，房间内的实际温度都不要与室外相差太大，以免婴儿进进出出受凉或者中暑。有暖气的房间，要对暖气进行处理，如在供暖季节里用毛巾遮住暖气；电风扇不能直接对着宝宝吹，可对着墙面或其他方向吹，靠电风扇吹出的风在空气中形成的流动气流来降低居室温度。风速、风力不能太大、太强，以慢档、低速为佳。

14. 门窗

在窗下应尽量少放置可以攀爬的物品，以免宝宝爬到上面发生危险。为避免上述情况，在窗上加装安全锁是必要的，同时还可以加装护栏。在宝宝还小时，可以选用门夹装置，防止宝宝夹伤手脚。

15. 窗帘

家中窗户如果使用卷帘的话，要把卷帘绳折叠收高，用晾衣服的大塑料夹牢牢夹住，防止孩子拽卷帘绳时，卷帘下坠伤人。

16. 玩具

宝宝 3 个月大之后就开始会用手抓东西了，6 至 9 个月大之后，开始会把东西放进嘴里，而且会四处爬行，这时，家长应特别留意宝宝的活动。任何长度小于 5 厘米、直径小于 3 厘米的小玩具及零件，或是发夹、螺丝钉、铜板等小东西，都要放到宝宝够不着的地方。

1. 对于有几个小孩的家庭来说，双人床的布置更人性化，哥哥还可以帮忙照看弟弟，既节省了空间，又增进了兄弟间的感情。

2. 素雅清新的墙纸搭配深色仿旧实木家具，让空间衍生出乡村田园般的静谧气息，为家中小宝贝营造了一个舒适安心的睡眠环境。

3、4. 花边似的护窗将整个床围在其中，既显得活泼可爱，又保证了孩子的安全，让家长放心地放孩子一个人睡觉。

空间解析

1. 淡雅的墙纸上有着花朵的图案，映衬着草绿色的床架和床品，倍感清新。紧靠着床的侧墙以内凹的形式做出一个置物台，为年幼的孩子提供了玩耍的便利条件。

2. 浅蓝色的家具与床品搭配让整个空间流露出清爽的感觉，天花板上的星月图案，让人感觉欢快而悠远，孩子在这样的环境里睡觉，自然会好眠。

3、4. 淡绿色的墙面设计让空间倍显素雅，也能让人安静下来。黄色的床品与原木的床都彰显出空间淡雅、环保的一面。

5. 蓝色是能让人心情放松的颜色，既能舒缓孩子的情绪，有助于睡眠，又丰富了孩子的视野。

6. 竹叶图案的墙纸充满整个空间，加上梯形的窗台设计，仿若清风吹来，叶随风动，别有一番竹影婆娑的意境。

7、8. 蓝色条纹的床品和窗帘呼应着床头柜和窗框，结合白色的衣柜，混搭出浪漫的海洋风情，让孩子不用出门，也能沉浸在海洋的气息中。

不可忽略婴儿房细节

营造一个氛围良好的婴儿房，有助于宝宝的茁壮成长。因此，细心的家长还应对一些细节特别注意。

1．天花板应平坦，可装饰纵横木条。

2．光线应该明亮；忌大面积使用粉、大红、深黑色，以免宝宝形成暴躁不安的个性。

3．卧室如果小，装潢应简洁，使空间看起来显大为好。

以上看似无关紧要，但决不可掉以轻心。一则宝宝小，抵抗力、自制力弱，很容易受影响；二来，有些看似平稳、牢靠的地方，实际则很容易产生突发性事故。所以，从安全角度考虑，还是防患于未然的好。

1、2. 淡绿色的条纹墙纸与绿色的叶子装饰一起营造了一个清新、自然的睡眠环境，星星、月亮、小搁架等墙面装饰在丰富墙面的同时也为孩子提供了想象的空间，各种格子布艺的加入让空间更为亲切、活泼。

婴儿房的装修规则

尽管宝宝们在 0~3 岁阶段身体生长迅速，但其抵抗力较弱，主要活动空间仍在室内，对周围环境有着很强的依赖性。对于这个年龄段的孩子们，年轻的爸爸妈妈们在装修房子的时候，要精心地制订一个宝贝计划，才能为宝宝的快乐健康成长打好基础。

装修：天然材料最环保

装修过程要符合环保标准，否则即便材料、家具是环保的，经过不合格的材料加工和复合过程，一些有害的物质还是会释放出来，对宝宝的健康造成极大的危害。所以，装修过程应尽量从简，选择天然材料。

还要特别注意的是，地板装修应尽量避免使用天然石材，因为天然石材具有放射性，婴儿的免疫功能比较脆弱，更容易受到放射线的侵害。胶、漆等类产品也要慎重选择，购买时一定要注意检测其是否达到环保要求。

婴儿房一般空间狭小，所以更需要经常通风换气，保持空气新鲜，有条件的家庭最好安装有上旋通风装置的窗户，通风不好的房间应该安装新风换气装置。每天应该保证通风，每次应该在半小时以上，只有经常性地流通空气，才能保证居室内的有害空气及时排出。

装修完还需要打开门窗通风，一般需要通风换气 6 个月以上，才可以放心入住。在儿童房装修完成之后，专家建议最好请有关检测部门进行检测。

家具：地板最好选实木

床、衣柜和储物柜等家具是儿童房中必不可少的，天然松木则是很好的家具材料。对于市场上一些色彩鲜亮的人工板材家具，家长们需要格外留心其有没有相应的环保检测报告。另外，选用儿童家具时还要注意观察家具边缘有无锐利的棱角，目前市场上有些儿童家具采用无

3. 图中是男孩房的一角，采用美式的设计手法进行装饰。无论是活泼的玩具，还是趋于成熟的装饰品，都展现出空间和谐的一面。

4. 花边式的窗帘加上清新的床品，让空间充满温馨的气息，墙面以相框和泳圈装点，将生活物品作为空间点缀，更为空间增添了几分亲和力。

5. 小男孩的童年也同样需要艳丽的色彩和可爱的玩偶，红色的花儿、可爱的螃蟹抱枕和章鱼玩偶都是陪伴孩子成长的好朋友。

锐角的弧度设计，能够很好地避免孩子因不小心碰撞而造成的伤害。

床可以说是儿童房里最主要的家具了，市场上销售的床花样众多，选择余地较大，其中一些是可以调节长短的，有的还安装了小轮子，可以自由地推来推去，比较实用，但在选择时要注意检查接合部位是否结实。值得注意的是，婴儿期的宝宝刚开始学步，天天与地板亲密接触。因此，应慎选人造板材，最好选用实木地板或环保地毯。另外，耐磨且富有质感的软木地面也是不错的选择，它一方面容易使脚底产生温暖、舒适的感觉，另一方面软木材料也易于铺设，比较适合用于儿童房。不过，为避免孩子在上、下床时因意外摔倒在地而磕伤，避免床上的东西摔下地时摔破或摔裂等情况的发生，建议在床周围、桌子下边和周围铺上一块环保地毯。

装饰：化繁为简是原则

对于刚出生的婴儿来说，儿童房也不宜过分讲究装饰和摆设，因为这样会增加有害气体的含量，应遵循化繁为简的原则。

儿童房的墙面建议采用环保型织物墙纸，既环保，又易于清洗。另外，儿童房里的纺织用品，如房间的窗帘、新买的衣物、布艺家具、布制玩具等，也要认真挑选，要尽量选择那些环保无污染的材质。

目前市面上销售的一些泡沫塑料制品，大部分色彩艳丽、价格便宜，一些家长会铺在地上让孩子玩耍，但是这些塑料泡沫制品会释放出大量的挥发性有机物质，可能会对孩子的健康造成不利影响。

花花草草是家庭中不可或缺的装饰物，但有专家提醒，儿童房内不宜放花草，因为婴儿可能会对某些花粉过敏，而且容易误食植物的茎、叶、花等，而大部分植物的这些地方都会含有毒素，误食后婴儿容易产生呕吐、腹痛等症状。

空间解析

1. 粉嫩的色彩与实木材质碰撞出灿烂的火花，加上可爱的房顶造型，打造了一个可爱、独特的儿童房。

2. 与墙纸搭配得很好的床品让整个空间呈现出不可思议的协调感，带给孩子最亲近、最温和的舒适感，让他们睡得更沉、更安稳。

3. 床头背景墙配合整体空间氛围，以手绘图画表现活泼可爱的气氛，加上灰蓝色的运用，很好地渲染出童话般的氛围。

4. 子母床与室内家具都选用实木来打造，带给孩子天然、安全的睡眠环境，子母床的构造也方便母亲照看孩子，既温馨又很有爱。

5. 图中的设计体现出了一个大男孩的心理，灯光、软装、功能齐全。动漫式的床头墙设计则体现了空间的主题，是空间设计的点睛之笔。

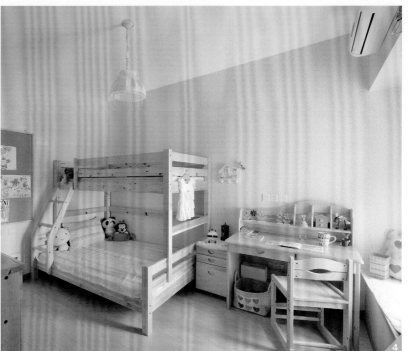

婴儿期儿童房
布置5大原则

1. 环境的可探索性

孩子只有在一个不断变大的环境中自由探索，而不是被困在一成不变的婴儿床上、婴儿围栏内或学步车里时，孩子的身心以及情感的发展才能更全面。因此，环境的可探索性是至关重要的。

2. 环境的安全性

要保证孩子可以自由地离开床，在房间里四处走动，甚至跑到其他房间去，就必须时刻注意保证他的安全：所有的插座要覆盖好，所有的绳线要固定在墙上或地板上，所有的有毒植物和化学类物品要移开。父母可以在孩子有可能去的房间里爬一圈，以孩子的视角查看孩子有可能拿到什么，会被什么吸引，这样就可以把环境弄得更安全一些。

3. 家具摆设的适用性

孩子的家具不需要很昂贵，可以是简单、素雅的，就和家里的其他家具一样。重要的是，这些家具的尺寸、质量都得是孩子适用的、易于移动的。图片应当挂在孩子的视线高度。孩子在家中碰到的各种事物必须是他们能够自己独立使用的，能用它们来完成日常的各样工作：扫地、吸尘、洗澡、穿戴等等。孩子使用的家具必须是可清洗的。这并不仅是为了卫生，更重要的是这些可清洗的家具将给孩子提供一个自愿打扫的机会。他们会学会关心家里的家具，擦洗掉自己画在家具上的记号，同时也将养成其对身边事物负责的态度。

4. 每个房间的"儿童角"

在每个房间，如卧室、厨房、餐厅、客厅，都为孩子留一块地方，并仔细考虑其摆设，布置一个可以容纳孩子的环境。这么做是为了邀请孩子加入家庭，一起过集体生活。

5. 环境的美丽、整洁、有序

环境和物品的质量和美观度对孩子来说是至关重要的。置身于美丽的环境中，孩子也可以和成人一样创造出高水准的世界。

木头而不是塑料制成的玩具、桌椅，可以培养孩子对自然的欣赏能力。挂在墙上的图片，可以是一些漂亮的艺术画作，也可以是简单的海报。与其把玩具扔到大玩具箱里，不如把它们整齐地罗列在架子上、悬挂在钩子上或者存放在盘子和篮子里。这样会让孩子们在收拾东西时更加有逻辑性、更愉快。杂乱无章的架子，可能会被大人忽视，但对小孩子来说却是视觉障碍，还会对其产生压迫感；在墙上贴过多的图片也会产生同样的效果；嘈杂的声音也是一样的，大人可以将电视或收音机的杂音封闭在外，不去注意，但孩子却会一直意识到这些声音的存在。一些根本不为家长所察觉的声音，可能会使孩子感觉刺耳而情绪低落！

空间解析

1、2. 墙面的手绘图画让睡在床上的孩子有一种躺在柔软草地上的错觉，加上花型吊灯和可爱玩偶的陪伴，让孩子安心入睡。

3. 蓝色是男孩房常用的色彩之一。图中以蓝色调为主，其他色调为辅，色彩的交错让空间更为醒目、舒适。

4. 以小汽车模型作为儿童床的设计多少会带来一定的视觉冲击，这种用男孩子最爱的物品作为参考的设计势必会吸引住他们的眼球，也注定会成为一种潮流。

5. 米色与粉蓝色营造出一个温馨、舒适的睡眠环境，灯光也以营造良好的睡眠氛围为目的，为孩子提供一个温和舒适的睡眠空间。

6. 黑色的铁艺床简单实用，同时搭配白色的床品与L形的白色收纳柜，形成强烈的黑白对比，床头墙的花纹墙纸也起到了引导的作用。

中式儿童房设计应在装修中考虑年龄问题

装修一直都是不变的话题，只不过现在讲的都是如何让装修更好，更突显个性。儿童房装修既要满足儿童的需求，又要能够更好地保护他们，让他们在一个安全的空间中成长。

装修以人为本是宗旨，体现在中式儿童房设计上，就是要以儿童为中心，相对于成年人来说，孩子成长的过程是一个迅速多变的过程，这就要求我们对不同年龄段的儿童有深入的了解，正因为不同年龄段的儿童的性格特点、爱好不尽相同，所以儿童房设计更要仔细地考虑儿童的年龄。

用发展的眼光来设计，随着孩子的成长，儿童房也会跟着"成长"，我们把儿童的成长大致分成婴儿期、幼儿期、学龄前期、学龄期。下面便为大家分别介绍说明：

一、婴儿期的孩子比较懵懂，只对艳丽的色彩、声音、灯光、妈妈的表情有点反应，大部分时间是在摇篮里度过的，主要任务就是吃奶、睡觉、被人家抱，只能做一些简单的视觉引导活动。幼儿期的孩子开始慢慢认知一些基本概念，从吃饭、穿衣到叫人，也开始有自己的爱好，如玩玩具、乱涂鸦等。学龄前期的孩子有一种强烈的学习欲望，什么都想去摸一下，碰一下，什么都问个为什么。学龄期的孩子已经上学了，有了老师的教导，开始告别幼稚的玩具，走向成熟。

二、随着孩子的成长，儿童房的装饰也会从婴儿到少年不断地变化着。童年时代，孩子们的屋顶可以是充满星星、月亮的人造银河，慢慢地，他们会更喜欢淡雅的颜色、宁静的空间。因此，从经济的角度来说，最好设计一些可以灵活拼装变换的家具及可以拉伸的床，能适应各个年龄段的孩子的睡眠要求，这样就不必不断淘汰没法使用的床而造成资金的浪费。

三、儿童房设计中还要注意留白和使用软装饰。儿童有丰富的想象力、强烈的求知欲和不断创新的精神，大人要善于鼓励并启发他们，留白可以给孩子预留一些自我发挥的空间，他们会更喜欢。软装饰则是床上用品、窗帘与布艺制品，软装饰是经济实用而且易于变换的装饰品，当孩子对居室环境感到厌倦时，可随时布置新的，换上一幅孩子喜爱的图案，不用花太多的钱，效果却是"钱半功倍"的。

四、儿童房的陈设品也可以随年龄的增长而不断变换，如婴儿期可贴一

些色彩丰富、艳丽的图案，幼儿期则可放些毛绒动物或布娃娃，为孩子营造一个温馨的童话世界。学龄前期则可在墙上挂上中国地图、世界地图，桌上摆上地球仪等，便于孩子探索科学，保持浓厚的学习兴趣。再大点的孩子就会有他们自己的想法了，再加上每个小孩的个性、喜好不同，对房间的摆设要求也就会各有差异，父母亲不妨与孩子多聊聊，了解其喜好与需求，并让孩子共同参与设计、布置自己的房间。随着年龄的增长，孩子可以拥有不同的房间，中式装修风格的儿童房也会变得更多姿多彩，同时也体现着设计师和父母对孩子浓浓的爱。

怎样避免儿童受室内不洁空气的污染

如何避免儿童受到室内不健康空气的污染呢？室内环境检测中心的专家提出了建议，即要加强儿童房间的通风换气。根据室内环境专家测试，儿童每小时所需新鲜空气约15立方米，一般家庭中，儿童房相对小一些，幼儿园和学校中，儿童又比较集中，很容易造成空气污染。假如每个儿童占教室空间为5立方米，则每小时需要换气3次。同时，儿童在生活、玩耍、活动时易加剧内空气的污染，专家建议：

1.在装修中尽量使用天然材料，或经证明对人体无害的装饰材料。在装修后进行通风，在异味散去后，再搬家入住；

2.在室内活动学习时，如条件允许，可经常开窗通风换气，但要防止室外污染的侵入和冷风对儿童身体的伤害；

3.在室外空气质量较好的时候，要带领儿童多做一些户外活动；

4.一般的家庭和幼儿园、学校，最好配备室内空气净化器，让我们的下一代呼吸新鲜空气，这是一个比照顾好儿童衣食住行都重要的问题，应该充分引起大家的重视。

1. 深沉的宝蓝色窗帘为室内空间营造出一份独有的宁谧氛围，搭配同色系的蓝色床品，从小培养男宝宝的个性。

2、3. 灰蓝色与米灰色的搭配让空间流露出一种棉麻质感，将男孩子的个性与追求尽显无遗，是一个既能反映孩子性情，又能带来舒适、温馨享受的空间。

4. 圆形的床与花型吊顶为孩子带来新奇的体验，再加上镜子、条纹等元素的运用，更增添了迷幻感，带给孩子更多新奇的体验。

5. 两面开窗的结构为室内提供了充足的光照，白色调的空间加上整体式的家具，为孩子打造了一个绝对专属的个性卧室。

6. 银色烫画壁纸呼应着床上用品，相近的图案以不同的色彩呈现，一明一暗间将优雅、华贵的气质呈现。

7. 超大挑高是本案的一大特点，黄、绿、白相间的装饰丰富了空间的层次。床头边阶梯状的收纳柜设计是空间的一大亮点，也非常实用。

如何为婴儿房上色

与大人们简洁的家居生活空间不同，婴儿房可以将各种甜美的色彩悉数用上。不同的颜色可以刺激孩子们的视觉神经，让他们从小就能辨别五彩缤纷的世界。而房间内各种有趣的图案，则可以满足儿童对世界的想象。那么在装修中该怎样为宝宝的房间上色呢？

1.粉色、淡黄、浅蓝、淡绿使人感到轻松、愉快，可以作为婴儿房的基本色调，家具色调可区别于墙壁主色调。

2.白色和黑色在婴儿房要慎用。

3.红、橙、黄、黄绿色系为暖色组，暖色常与热力、阳光、熔化的金属等概念相关，容易使人产生兴奋、热情、易疲劳等感觉；暖色能反射较多的光线，在视觉上可以放大事物的外形，因此，婴儿房内的暖色可作为适当的点缀出现。

4.将天花板、墙壁、地板、玩具、日用品、家具等的色彩进行合理有序的点缀和拼装，可使房内既五彩缤纷又无杂乱的感觉，能吸引宝宝对周围环境的探索和学习，又在潜移默化中培养其美感。

5.对于小宝宝，天花板、墙壁上可以绘制上大块的几何图形，把发亮的、色彩鲜艳的玩具悬挂在墙壁、家具上，进而刺激宝宝爬行、行走等动作能力和手眼协调、抓握的能力。

6.随着宝宝的成长，绘画、贴画等可以换成风景画、人物画、字画等，为宝宝的早期学习打下基础。

7.家具、装饰物和玩具等也可经常变换颜色（玩具的种类和数量一定要随宝宝的成长而变化），激发宝宝的求知欲和探索学习的兴趣。如用粗格花色的布艺窗帘，经常变化，随风飘动，也是一道很美的风景线。

8.宝宝很爱在墙壁和他能够得到的任何物体上涂鸦，涂画可以促进宝宝的观察力、记忆力、想象力、创造

力和动手能力等多种能力的发展，而且还能满足宝宝参与家庭生活的需要，但宝宝随便乱画有时又很令人恼火，所以，家长要在墙壁、地板面上留有让宝宝涂画的专用场地。可以贴上大块的纸张，以便经常更换，同时要求宝宝在指定地点涂画。

爱心提示

1. 环保是婴儿房色彩布置的首要因素

不符合环保要求的涂料、漆料、布艺等用品，会持续释放有害物质，而宝宝的身体对各种有害物质反应敏感，会严重影响宝宝身体的健康发育。因此，无论色彩有多漂亮，爸爸妈妈都应细心选择安全可靠的装修材料和装饰材料，不要因色彩的美丽奇幻而忽视颜料中的有害物质。另外，从节约能源、利用自然光的角度出发，婴儿房内色彩应以浅色调多一些为宜。

2. 让宝宝参与房间设计

家长不能因为自己对色彩的喜好，而忽视宝宝视觉发展的需要，宝宝视觉发展和智力发展都需要丰富的色彩刺激。2岁以后，家长可以试着和宝宝一起装饰房间；与宝宝商量家具、玩具和装饰物的颜色、摆放，可以了解宝宝的心理发展水平和需要，使宝宝感到自己被重视而更有自信；还可以带宝宝一起选购装饰物、玩具、贴画、颜料、画笔等用品，和他们一起张贴、悬挂绘画、照片和其他作品，一起确定他的涂鸦地点，让宝宝感受更多的快乐和成就感。

3. 慎用黑白和怪诞颜色

儿童房在色彩和空间搭配上最好以明亮、轻松、愉悦为主，可多些对比色，来区分不同功能的空间效果，过渡色彩一般可选用白色。在装饰墙面时，切忌用狰狞怪诞的形象和阴暗的色调，因为那些颜色会让小孩子产生可怕的联想。

4. 以颜色激发宝宝个性

把孩子的空间设计得五彩缤纷，不仅适合儿童天真的心理，而且鲜艳的色彩会洋溢出希望与生机。对于性格软弱、过于内向的孩子，宜采用对比强烈的颜色，刺激其神经的发育；而对于性格暴躁的儿童，淡雅的颜色，则有助于塑造其健康的心态。

POINT　　　　　　空间解析

1. 浅黑底纹、白色条纹的墙纸在黑色地毯和床具的映衬下，显得沉稳而明亮，室内的灯光温和，为孩子营造了一个安宁、静谧的睡眠环境。

2. 床头墙看似无任何装饰，但在灯光的效果下却能展现出朦胧的效果。卡通的饰品也是男孩房装饰的重要元素之一。

3. 不规则的地台作为睡眠区存在，呼应着同样不规则的天花吊顶，将新奇、个性带入空间中，丰富空间表情的同时，也让孩子拥有一个别开生面的小窝。

4. 手绘创作结合房间的斜面屋顶创造出一幅"树上木屋"的场景，极其逼真的效果为儿童房带来更多的乐趣，让孩子更爱自己的小窝。

5. 机车模型的床架绝对能勾起小男孩的向往，如此一来，即便没有父母督促，小孩子也会乖乖上床睡觉。

6. 原木饰面将整个空间包覆起来形成一个木屋结构，再加上高靠背的白色床架，一个童话中的孩子王国就此诞生。

3~6 岁儿童房设计要点

设计特色：区分性别，充分拓展游戏空间。

3~6岁的孩子活泼好动，他们上了幼儿园，开始接受教育；在家喜欢玩玩具和其他游戏，智力与活动能力得到进一步的提升。这个阶段的孩子还有另一个明显的特征，就是他们开始懂得性别的区别，很强调自己是男孩子或者是女孩子。因此，在为这个年龄段的孩子设计儿童房的时候，应当充分考虑他们的这一心理，为他们打造截然不同的生活和游戏空间。

一般来说，男孩子和女孩子对于色彩的感受比较明显，男孩子喜欢蓝色、淡黄色和绿色，女孩子则明显更喜欢粉色和紫色。因此，要适当参考他们的喜好，在天花板、墙壁、家具等区域使用他们所喜欢的色彩。不过，这个时期的儿童房色彩浓度要好好把握，颜色太深，容易让孩子产生心理早熟的迹象，而色彩太艳丽，又会让身处其中的孩子产生不安宁感，容易脾气暴躁。此外，这个年龄段的孩子玩具较多，因此，在儿童房内应开辟一块可供游玩的小型游戏区，并设置一个摆放玩具的玩具架，这个玩具架应可容纳孩子们的所有玩具，进而避免儿童房显得过分杂乱。

窗台向内延伸作为书桌和置物台，与床很好地协调在一起，床铺既作为睡眠的地方，又作为学习的地方，对于小孩子来说也是一举两得，既方便又舒服。

POINT　　　　　空间解析

1. 原木打造的家具带着纯净的气息，搭配着水蓝色的墙面，更添几分清幽和凉爽。

2. 白色调的空间为孩子创造了一个舒适安宁的睡眠环境，搭配黄色的床品，既丰富了空间色彩，又为孩子提供了一个亮眼而清新的视野。

3~5. 男孩子更倾向于简单干净的冷色调和沉静稳重的中性色，蓝色系与白色的搭配既简单，又清爽，对于培养男孩子的个性与气质更是大有帮助。

小男孩们需要怎样的儿童房

粗心的男孩儿总是喜欢把玩具、书籍满地乱扔，如果不想一直跟在他们后面收拾残局，最好还是帮他们设计一间收纳功能良好的房间。

设计重点：开放式橱柜堪称置物的好去处，但容易显得杂乱；最好先把杂物分门别类地放在置物篮里，再放到相应的位置，可使空间显得更整洁；沙发边的矮柜也可以设计成多抽屉型的，方便归类。

设计重点：男孩儿需要更大的玩乐空间，而室内可用面积总是有限，解决之道在于适当缩减睡眠区的尺寸。用搁架代替占地方的床头柜，儿童床也要贴紧墙壁，多出来的那些空间，就让他们自由玩耍吧。

孩子都有一颗自由的心，封闭的书房会禁锢想象力的发挥，给孩子一个开放式的阅读空间，他们会更愿意坐下来，聆听书中的声音。

设计重点：家里的小男子汉最不喜欢被束缚的感觉。地板上如涂鸦般的彩绘和家具的随意摆放会让他们如鱼得水，白色墙壁和大窗户能让空间更加通透，阳光加上"绿地"，营造出室外感觉，会让他们爱上待在家里阅读的时光。

再棒的装饰也不如自己随手的涂鸦。要让总爱往外跑的男孩对自己的房间产生归属感，最好的办法莫过于为他的房间打上他的 Logo。

设计重点：可在卧室当门处为他特别设计一堵"墙"，类似于玄关，遮蔽视线，让人看不见卧室的真面目，可满足孩子爱探险的天性，充满悬念，制造无穷趣味。

格子图案为空间注入了英伦风情，同时也带来了动感，结合孩子喜欢的球类运动，打造了一个富有活力的运动型空间。

1~4. 组合式的床架不但方便组装，更重要的是它可以以
不同的组装方式形成多功能的床架，满足孩子不同
的需求。它还拥有可爱的图案和灵动的搁架，既能
满足孩子好动的个性，又充分体现了多功能的价值。
厚实的床板下面是活动式的抽屉，有着大容量的收
纳空间，既实用，又不影响美观，还可以培养孩子
从小整理的好习惯。

5. 厚实的床架内侧以格架形式充分利用墙面空间来做
书架，结合飘窗形成整体式的休闲空间，显得开阔
而明亮。

6. 整体式的床架兼具收纳、陈列的功能，半环绕式的
搁架设计将睡床环绕，一方面方便了孩子取放物品，
另一方面也保护了孩子。

7. 小小的床一边紧靠着墙，一边以书桌充当床头柜，
将孩子牢牢地护在床上，显得温馨又舒适。

11 种趣味儿童房收纳方法

收纳习惯应该从小培养，趣味的收纳家具或收纳方法不仅会让孩子们轻松学会整理自己的玩具、小物件，还会让他们从中获得快乐。所以，儿童房的收纳不同于其他家居收纳，它收纳的不仅是物品，更是童趣。11 种趣味儿童房收纳方法，专为可爱的孩子们准备！

趣味搁架收纳：迷你的木质搁架设计紧跟当今的家装潮流，架子上可以展示孩子最喜欢的小饰品，而搁架下方的小木盒精致可爱，本身就是一种装饰品，还可让各种小玩具、小物件实现分类收纳的目的。

趣味水车收纳：把最古老的灌溉工具——水车搬到儿童房中，一方面可为孩子普及知识，另一方面，特别设计的收纳型水车也可以让孩子对收纳充满兴趣。每个收纳小槽都可以分类存储不同的玩具，"水车"转起来，孩子们的乐趣也一同转起来。

趣味收纳床：加长的儿童床设计为孩子带来了许多乐趣和方便，空出的床位可以成为书本、零食的收纳地，底下收纳式的床底可以存储许多玩偶。另外，随着年龄的增长，孩子会慢慢长高，儿童床却无须更换，只需换一个长一点的床垫便可。底下的收纳空间也可以用来存储书本等。

趣味墙面收纳：布娃娃多得放不下，可孩子们看到新的还是会吵着要。旧的布娃娃要怎么处理？把它们在墙上的搁架上一一展示吧，这样壮观的布娃娃阵也是儿童房里最有童趣的装饰，可以教孩子们更换布娃娃的位置，呈现不一样的墙面风景。

趣味床头收纳：孩子卧室的床头柜不要太死板，容易扼杀他们的想象力。阶梯式的收纳小家具深得他们喜欢，上面一格放小台灯、闹钟，下面一格放他们喜爱的图书，他们的学习兴趣也会跟着变浓。

不规则的搁架组合：不规则的收纳搁架会让孩子们在摆放

装饰品时充满乐趣，放在不同高度的搁架会呈现不同的效果，这种富于变化的收纳方法会激发孩子的探索欲望。

趣味的迷你旅行箱收纳：旅行总是让人充满期待，如果不能真正远行，两个小小的旅行箱就可以满足孩子们的愿望。将各种行囊收纳其中，扮家家的时候，全球各地都可以是他们的旅行目的地。

糖果色搁架收纳＋小帐篷：即使不在造型上做变化，缤纷的色彩也能给收纳增添乐趣。为孩子买一个野外露营用的小帐篷，这里会是孩子最想呆的小空间，而这个帐篷也可以成为布娃娃和玩具的收纳之地。

座位底的收纳：为孩子准备一个能发挥他音乐才能的座位，吉他就不会被他随意乱丢了。座位底下可以被充分利用起来，将书本等归置清楚。

多个抽屉收纳：抽屉收纳并不少见，可以让孩子从小养成习惯。不同的抽屉收纳不同的小东西，柜面上可以展示充满趣味的小装饰，配合墙贴，这个小角落会变得很可爱。

收纳柜＋收纳盒：孩子天生就有强烈的好奇心，为他准备一个收纳柜，配合收纳筐和收纳抽屉，会让孩子觉得更有趣。将自己的小东西一层一层藏起来，这种收纳很有神秘感。

设计一间好儿童房的5大原则

原则一：安全性

安全性是儿童房设计时需考虑的重点之一。孩子正处于活泼好动、好奇心强的阶段，容易发生意外，在设计时，需处处用心，如在窗户上设护栏、家具上要尽量避免棱角的出现、采用圆弧收边等。

在装饰材料的选择上，无论墙面、顶棚还是地板，都应选用无毒无味的天然材料，以减少装饰产生的居室污染。地面宜采用实木地板，配以无铅油漆涂饰，并要充分考虑地面的防滑功能。

家具、建材应尽量避免使用玻璃等易碎的材料，宜选择耐用的、承受破坏力强的、边角处略有小圆弧设计的材料，以避免尖棱利角碰伤孩子；应选择结构牢固、旋转稳固的家具，避免晃动或倾倒现象的发生；拉开抽屉，打开柜门不能有异味，以防空气污染。

原则二：遵循自然

由于孩子的活动力强，儿童房用品的配置应适合孩子的天性，以柔软、自然的素材为佳，如地毯、原木、壁布或塑料等。这些材料耐用、易修复、价格适中，可营造舒适的睡卧环境。家具的款式宜小巧、简洁、质朴、新颖，同时要有孩子喜欢的装饰。小巧，适合幼儿的身体特点，也能为孩子多留出一些活动空间；简洁，符合他们纯真的性格；质朴，能培育孩子真诚朴实的性格；新颖，则可激发孩子的想象力，在潜移默化中孕育并发展他们的创造性思维能力。

对婴儿来说，一个充满温馨感和母爱的围栏小床是必要的，搭配上可供母亲哺乳的舒适椅子和适当高度的桌子就可以了。对稍大一些的孩子，则需要较大的空间发挥他们的奇思妙想，让他们探索周围的世界。尺寸按比例缩小的家具，伸手可及的搁物架和茶几能给他们控制一切的感觉。

原则三：充足的照明

合适且充足的照明，能让房间温暖、有安全感，有助于消除孩子独处时的恐惧感。儿童房的全面照明度一定要比成年人房间的高，一般可采取整体与局部两种方式布设。当孩子游戏玩耍时，以整体灯光照明；孩子看图画书时，可选择局部可调光台灯来加强照明，以取得最佳亮度。此外，还可以在孩子居室内安装一盏低瓦数的夜明灯或者在其他灯具上安装调节器，方便孩子夜间醒来时的灯光照明。

原则四：明亮、活泼的色调

不同的颜色可以刺激儿童的视觉神经，而千变万化的图案，则可满足儿童对整个世界的想像。色彩宜明快、亮丽、鲜明，以偏浅色调为佳，尽量不取深色。如淡粉配白、淡蓝配白、榉木配浅棕等等，活泼多彩，符合孩子幻想中的斑斓瑰丽的童话世界。儿童房在色彩和空间搭配上的色调最好以明亮、轻松、愉悦为

POINT　空间解析

1. 小小的单人床加上大大的书桌，构成儿童房最主要的格局，而大面窗提供的采光又为室内增添了不少亮度，更显时尚。

选择方向，可多点对比色。

活泼、艳丽的色彩有助于塑造儿童开朗健康的心态，还能改善室内的亮度，形成明朗亲切的室内环境。身处其中，孩子能产生安全感。粉红、淡绿色、淡蓝色都是很好的墙面装饰色彩，太过亮丽的色彩只宜局部使用。

原则五：可重新组合和发展性

设计巧妙的儿童房，应该考虑到孩子们随时重新调整摆设的需求，空间属性应是多功能且具多变性的。家具可选择易移动、组合性高的，方便随时重新调整空间、家具的颜色、图案或小摆设的变化，有助于增加孩子想象的空间。另外，不断成长的孩子，需要一个灵活舒适的空间，选用看似简单，却设计精心的家具，是保证房间不断"长大"的最为经济有效的办法。在购买或设计儿童家具时，安全性应为首要考虑的项目，其次才是色彩、款式、性能等方面。

此外，还要预留展示空间。孩子的成长速度常常会让父母惊叹不已，他们随着年纪的增长，活动能力也日益增强，所以家长在布置儿童房时应当为空间留出发展尺度。视房间的大小，适当地留一些活动区域，如在壁面上挂一块白板或软木塞板，或在空间的一隅加个层板架，为孩子预留出展示空间。

POINT　　　　　　　　　　　　　　　空间解析

2. 蓝色既鲜明，又能营造静谧的氛围，带给人舒适的感觉，加上纯木质的整体式可组装家具，为孩子带来惊喜，也为家长带来便利。

3. 房间的色彩对孩子的性格也会有所影响，蓝、绿色是男孩儿比较偏爱的颜色，既可以培养孩子积极乐观的个性，又满足了孩子对色彩的需求。

4. 蓝色主调的儿童房设计中，为了避免空间过冷，以木地板的暖色调起调和作用。窗台特意改造成休息、玩耍的区域，让空间多了功能区的同时，也更加人性化。

5. 蓝白相间的地毯与蓝色的床品让空间呈现出一种冷峻不羁的形态，黄色床头墙成为了卧室的主题，醒目而不刺眼，玩具飞机的装饰也使空间更为活跃。

6. 圆柱形的搁架映衬着蓝色条纹的白色墙纸，在时尚中流露活泼，为孩子营造了一个可爱的居所。

7. 大大的床台作为睡眠区，既是睡床的安放地，又是休闲区，床尾的地方用来作为孩子玩耍的平台，既舒适又安全，可谓方便、实在。

适合男孩儿的儿童房设计

男孩房整体风格要充分体现其活泼好动的天性。墙面与天花板可选用米黄等较明亮的中性色调。家具不宜过多，可以选择具有圆角和平滑曲线的极具创意的造型，还可选择多功能的可变组合家具，颜色可以比较鲜艳。纯度较高的蓝、明黄、橙色都是男孩子喜欢的颜色。男孩子们大都好动，在墙面上钉一个小篮筐，或者挂上一副球拍都是不错的装饰。还有房间中必不可少的布艺，可以是字母、小动物、彩色条纹、格子等图案，既简洁新颖，又活力十足。点缀在房间中的模型、玩偶等也会成为男孩子们最好的玩伴。

冷色调帅气：清爽男孩房

男孩子的兴趣爱好和女孩子不同，男孩子更倾向于简单干净的冷色调，坚决果断的颜色可以使男孩子变得更加勇敢果决、冷静成熟，长成一个顶天立地的男子汉。还有，男孩子更喜欢运动，活泼好动的性格容易使自己受伤，所以男孩子的房间更适合布置得简单清爽一些，免得孩子在房间中活动时伤到自己。

以白色为主的儿童房设计可使室内显得宽敞明亮，消除独处时的恐惧心理。多功能的家具组合能让房间温暖、有安全感，可以让孩子放心轻松地学习。室内可放置几盆绿叶鲜花，墙上可挂些符合孩子爱好的画和挂件，更有利于孩子的身心健康。

"我要借绿色来比喻葱茏的爱和幸福，我要借绿色来比喻绮丽的

年华。"绿色是自然界常见的颜色，是生命和希望的象征。把绿色运用在孩子房里，能够给人无比安全的感觉。不同层次的绿色搭配能够满足孩子不同的需求。衣柜与墙壁等物件可选用新绿色，给人清新、快乐、有活力的感觉，有助于培养孩子的动手能力。床品可采用草绿色和墨绿色，能给人沉稳知性的印象，有助于入眠。若再配上熊猫样的床头设计，更能给孩子一个自然、清新、快乐的童年！

以浅灰色为主的房间比较适用于已经上学、具有初步生活自理能力的孩子。灰色象征诚恳、沉稳、考究，无形中散发出睿智、成功、权威等讯息。孩子长期生活在这种代表高品质生活的颜色中，会无形中培养他的品位，增强他追求成功的心理。

黑白配是历经多年的时尚搭配。这一款设计同样比较适用于具有初步自理能力的

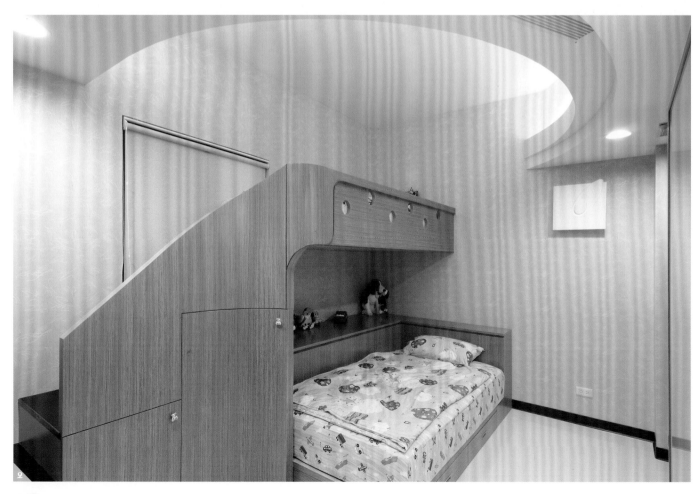

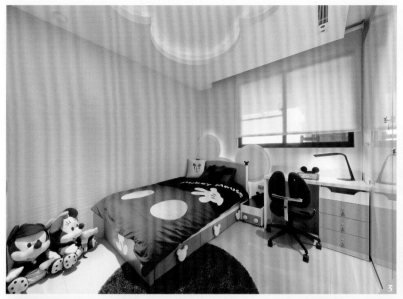

孩子。黑色本来是深沉的颜色，跟纯洁天真的白色搭配在一起，能给人带来有创意、时尚的感觉。男孩子在这样的环境中成长，能够加强他们的性别意识，培养其责任感和绅士风度。

蓝色在心理学上是一种代表安抚、冷静、理性的颜色，有助于缓解焦虑症和失眠症。在孩子的房间里以纯净的蓝色为主色调，有利于培养孩子的思考能力。同时蓝色既是天空的颜色也是海洋的颜色，还象征着博大宽广，长期生活于这种颜色中，孩子的情绪能够得到安抚，有助于培养其开阔心胸。

POINT　空间解析

1、2. 独特的双层床设计以厚实的阶梯连接，看似并不关联，却在弧形吊顶的笼罩下形成一种微妙的氛围，将个性表达得淋漓尽致。

3. 以米奇为主题设计的空间充满了米奇的头像和图案，床靠背是一个大大的米奇头，呼应着上方的吊顶，让孩子进入到米老鼠的卡通世界中。

4. 不规则切割面的吊顶上零星分布着射灯，辉映着下方蜿蜒起伏的搁架，形成一种独特的呼应，将奇幻与时尚展露无遗。

5. 不规则的空间为孩子创造了更多的惊喜，结合菱形空间打造的边柜和休闲座椅让孩子可以尽情玩耍，同时也多出更多的收纳空间，让空间显得更舒适、大气。

怎样消除儿童房的过敏原

调查显示，有过敏家族史的孩子，如果经常曝露在过敏环境中，其罹患过敏疾病的机会会大增。所以，塑造适合过敏儿童居住的空间，才是预防过敏最有效的方式。

怎样的环境对过敏儿童最好？

如何维护过敏儿童的生活环境，是家有过敏儿童的父母非常关心的问题。什么样的环境才是适合过敏儿童生活的优质环境呢？家徒四壁是气喘儿童的最佳居住环境，在当前社会中，多观察且尽量避免周边环境的过敏原，保持空气的清新质，将有助于预防过敏性疾病。

首先，应做好居家环境过敏原的控制。常见的过敏原包括尘螨、蟑螂、猫、狗及霉菌等。了解过敏原种类、生态及其在人体内发生的反应与家中驱除过敏原的有效方法，有助于过敏原的控制。

消除不宿之客——尘螨

尘螨是一种节肢动物，肉眼看不到，主要以人或动物脱落的皮屑、指甲、毛发为食，易生长于床褥、枕头、地毯、衣服、有毛的玩具或厚重的窗帘中，在摄氏25度相对湿度85%的环境中生长得最好；而我们居住的地区，恰好适合尘螨的生长。尘螨的繁殖力惊人，尤其在夏末秋初时节繁殖得更快。客厅及卧室是人们活动最频繁的地方，也是尘螨最常滋生的场所，如能确实掌握居家摆设和清洁原则，对减少气喘发作或其他过敏症状会有很大的帮助：

一、室内家具摆设及地板应使用平滑木材、塑胶及瓷砖材料；家具上最好不要覆盖棉毛装饰物。沙发表面宜为木质、塑胶等光滑材料，比较不易藏污纳垢及滋养尘螨；如果安装窗帘，应选择可以清洗的棉制或玻璃纤维的窗帘，或定期喷洒除螨溶剂。

二、卧室是小朋友最常呆的地方（一天至少有三分之一的时间在卧室），因此，一

定要特别重视：

1. 床铺应为木板、金属或水床，寝具要尽量选择合成纤维质料（如聚酯、尼龙等）为主，避免使用由各种毛的质料做成的被子与枕头；如果是这些质料制成，必须加上一层合成纤维质料做成的套子，或防尘螨床罩、枕头套或被套。这些套子最好每隔2至3星期便以55℃以上的热水烫过，或置于冰箱冷冻层过夜后，再以温水洗过，以杀死并清除尘螨。

2. 玩偶与衣物的材质与床具一样，应选择合成纤维材料，避免选择毛绒粗糙又不易清洗的填充宠物玩具或衣服。收藏时，应放置于柜子里，以减少尘垢并要注意柜子内的湿度与清洁。

消除不宿之客——蟑螂

蟑螂是仅次于尘螨的过敏原，它会引发过敏主要因为其壳屑、分泌液具有高度的致敏性，这些物质经风化后，飘浮于空气中极易导致人体致敏。很多家属辩称"我家一只蟑螂都没有，哪来的蟑螂过敏？"其实，蟑螂无孔不入，夜里可能偷偷自下水道爬出，白天销声匿迹。对付蟑螂不只是拿起拖鞋，啪一声下去而已，首先，要妥善保管食材，接着，尽量防止蟑螂攀越日常使用的餐盘和器皿，还要保证家中水道出口的畅通。

消除不宿之客——霉菌

春天、梅雨季节是霉菌最容易滋生的时候，家中潮湿的地方如浴室、厨房、储藏室等则是霉菌的温床。霉菌过敏的症状大略同于一般过敏疾病，当鼻子吸入霉菌的孢子或菌丝碎片时，就可能出现鼻子或呼吸道过敏症状。霉菌过敏儿童应避免到霉菌容易滋生的地方，如地下室、落叶多的地方、废物堆积处、草堆及谷仓等地；若不得已须到这些场所最好戴口罩，室内湿度保持在50%以下，室内空间尽量保持通风。

请除不宿之客——来自猫、狗的过敏原

动物的过敏原也经常会引起急性或慢性的过敏疾病。依过去20年有关动物致敏原的分子结构、免疫相关机制及环境中的分布的研究，大多数认为哺乳类动物引起过敏的成分，主要来自于Lipocalins的蛋白质家族，虽是不同动物的过敏原，但在人体内却能诱发类似的过敏症状。

POINT　　　　空间解析

1、2. 深色实木家具与地板将乡村的质朴、自然尽情展现，留白的墙面也只是以简单的壁画装饰，将男孩的清爽、简练、阳光、运动等特质表现得淋漓尽致。

3. 家中有兄弟的可以将房间合并起来设计，同样的床架、床品让空间充满温馨的感觉，让兄弟俩学会友好互助，同时也方便父母照看。

4~6. 深色复合面板打造的家具呈现出简约、时尚的味道，在床品上则以亮色与卡通图案来做突破，将成熟与活泼完美地结合起来。

7. 即便成长为小男子汉，心中依然存在着孩子气的一面，因此，在自己专属的空间里任童趣挥发，将活泼、可爱的一面展露无遗。

七种流行的儿童房

孩子是家中的宝，家长们都喜欢给孩子最好的生活环境。丰富多彩、活泼新鲜的童话式的意境，能让孩子在自己的小天地里自由、快乐地学习、生活。巧妙地构思、科学合理地设计儿童房，在带给孩子满满爱的同时，又能促进他们健康快乐地成长。

*1. 神秘的海洋：*神秘的海洋世界是不少孩子心中的梦，蔚蓝色的主色调，能让孩子仿佛置身于海洋的怀抱。加上从高到低的橱柜，既兼具强大的收纳功能，又能给房间增添一抹趣味。低低的矮床，是好动孩子的绝佳选择，斑马条纹的地毯，可以让孩子席地而坐。一旁书桌上的搁板，既能陈列物品又能兼具收纳的功能。

*2. 维多利亚色的情怀：*维多利亚风格的儿童房整体散发着浓浓的欧式古典气氛。大大的落地窗，带来暖暖的阳光，让孩子沐浴在阳光之中。松软而舒适的床是孩子的最爱，可坐在软软的床上，望向窗外任思绪飞扬。

*3. 双胞胎的欢乐：*拥有双胞胎的家庭，可采用上下铺的设计，能很好地节省空间，是小户型儿童房的不二选择。缤纷的色彩还可以激发孩子无限的想象。

*4. 芬芳的青草：*嫩嫩的绿色是不是让你闻到了浓浓的青草香？统一款卡通图案的墙纸和窗帘，仿佛能把孩子带入马戏团的乐园。小物件上的卡通图案，则能给房间增添一抹童趣。

*5. 整洁的小天地：*橙、蓝、绿组成的暖色调，会使整个房间干净而舒适。巧妙地结合橱柜和床，会节省很大的空间。书架可靠墙，使书籍摆放井然有序。

*6. 浩瀚的天空：*犹如浩瀚天空的蓝色，加上奔驰着的汽车的照片，这样的房间一定是不少男孩想要的。厚厚的床垫，会让人觉得倍感舒适。衣橱旁可设置书架，既节省空间又兼具展示的功能。

*7. 缤纷的糖果：*整个儿童房也可呈现缤纷的糖果色，红红的衣橱，容易让人想到美味的草莓糖，大大的花朵图案的被子，盖在身上仿佛能带来春的暖意。

POINT　　　　　　　　　　空间解析

1. 实木打造的床架以条纹和卡通图案的床品铺设，映衬着墙上简约设计的搁架，在朴实中流露温情，在自然中释放活泼。

2. 冷硬而鲜明的建筑线条与活泼可爱的室内装饰相辅相成，将一个协调、温馨而又充满男孩气息的空间呈现出来。

3. 淡绿色的床头墙让空间充满了春天的气息，也为男孩房的设计增添了无限动力。

4. 深色实木地板带给人清凉的感觉，睡眠区以抬高地台的做法来划分功能区域，床垫直接铺在木地板上，既有完美的协调性，又让人觉得舒适而安全。

3~6岁儿童房家具选购要点

家具特点：色彩欢快、具有趣味性

功能要求：强调收纳功能

这个年龄段的宝宝处于活泼好动的阶段，玩具很多，所以儿童家具首先要强调收纳功能。艳丽且充满活力的色彩会让宝宝感觉十分亲切，别致的图案和造型会让他们感到神秘有趣，给宝宝提供充满童趣的想象空间。

9种可爱造型的儿童衣柜

儿童房的设计受到越来越多的家长的重视，在儿童家具的选择上，除了基本的功能性要求，设计还要考虑其是否有利于儿童的成长、是否能有效激发孩子能动性等一系列要求。科学家发现，通过形状、颜色等外界刺激，可推动孩子的智力成长。

白+紫城堡儿童衣柜

衣柜配色：白色+淡紫

可爱元素：主体是白色，手柄以及顶端的衣柜装饰都为淡紫色，手柄上还绘有可爱的白色小花。竖款的衣柜，能契合各种窄小空间，而衣柜容量也足够孩子日常衣物的摆放。柜上再放上几只可爱的玩偶，可进一步增添童趣。

房屋型无门儿童衣柜

衣柜配色：白色+淡蓝

可爱元素：蓝白条纹仿屋顶的柜顶，使衣柜宛如一座迷你小屋。无门的设计，既可以作为衣柜使用，又具有展示功能，一层玩具、一层衣物、一层书本、一层收纳箱，划分明确。

双门黑板儿童衣柜

衣柜配色：白色+黑色

可爱元素：双门黑板儿童衣柜，不仅有较大的收纳空间，最为创意的就是可将其中一扇柜门作为黑板，孩子可以随意涂鸦，让小画家在此渐渐长大。另一侧的柜门可做展示之用，中间固定有层层绑

带，可以将孩子的照片、美丽的剪纸固定于后，给孩子的生活带来无限乐趣。

屋型鸟儿镂空儿童衣柜

衣柜配色：白色+蓝色

可爱元素：仍是一款屋型儿童衣柜，中间的柜门被刷上美丽的蓝色，最为可爱别致的便是门上的镂空鸟儿，无比清新与自然。

火箭型儿童衣柜

衣柜配色：白色+蓝色

可爱元素：火箭的造型，最可爱的莫过于顶端的收纳空间，放入一只小熊，看，它正在四处张望呢；而柜门上的矩形镂空设计，则可让人对柜内衣物做一个预览。

白色双门屋型儿童衣柜

衣柜配色：纯白色

可爱元素：纯白色的设计可以搭配任何家具，屋型设计让儿童房中充满乐趣。柜门上还特地做了百叶设计，给衣物做了一个透气的媒介，使其不易发霉、受潮。

皇冠型把手矩形儿童衣柜

衣柜配色：白色+木色

可爱元素：虽说是典型的矩形儿童衣柜，但别致的皇冠型把手则充满童趣，将孩子带进童话世界，有了这样的把手，孩子一定会养成自己拿衣物的好习惯。

纯白栅栏型儿童衣柜

衣柜配色：白色+木色

可爱元素：衣柜顶部的透视栅栏设计最为别致，可以清晰地预览里面的衣物，聪明的妈妈可以在这层准备上孩子第二天要穿的衣服，以便第二天能很快地拿给孩子换上，此外，顶部还可以放入收纳箱，作为扩充收纳区域。

蓝色屋型百叶门儿童衣柜

衣柜配色：浅木色+蓝色

可爱元素：可配合房间中蓝色调的家装风格，儿童柜的柜门、顶与边也采用蓝色，能将儿童房变为一个清新、纯净的的世界。柜门上还做了百叶设计，让衣物呼吸新鲜空气。

1、2. 飘窗用软垫铺设，为孩子创造出另一个休憩玩耍的场所，玻璃窗的处理也充分考虑到安全问题，在保证孩子安全的基础上，创造出舒适、活泼的环境。

3. 原木打造的家具以清漆保持原本的色彩，为空间带来一股清新、原始的气息，免除了材料和环境带给孩子的负面困扰，让孩子住得更安全、舒心。

4、5. 蓝色调的设计在男孩房的应用能表现出男孩子开朗的性格。图中地面与背景墙采用暖色系起到综合作用。

6. 白底黑圈的壁纸让整个墙面显得灵动起来，有一种虚实交错的感觉，如此，搭配白色的床具与浅木色的书桌，也不显单调。

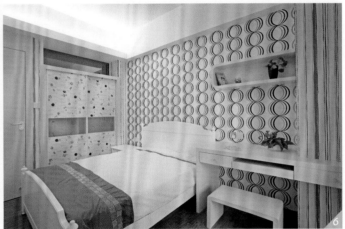

房间的墙面没有做任何特殊的处理，只以图片、相框装点白墙，配着怀旧风的家具和蓝色的床品，将清新、淳朴的气息带入空间。

空间解析

1~3. 具有复古气质的空间以浪漫的白纱、花边布艺、典雅家具以及花草般的色彩搭配，营造出童话般的氛围，为刚学会独立的小孩提供了一个过渡空间，让他们慢慢学会独立。

4~6. 脱离幼儿期的稚嫩和少年期的单纯，步入青少年时期的男孩更希望居室能展现自己成熟稳重的一面，但是过于沉重又会显得老气，因此，以中性色彩的格子、条纹和几何形状的元素来装点空间，既不会过于活泼可爱，又显得沉静优雅，将孩子的"男子汉气概"展露无遗。

如何打造健康的儿童房

色彩不宜太夸张：儿童对色彩都很敏感，往往会被一些颜色鲜艳的东西吸引，但家长们要注意，房间颜色鲜艳应该有个度，因为长时间停留在过于鲜艳的空间里，会让孩子产生烦躁心理。

不同年龄段的儿童，对颜色的需求是不一样的，家长可以利用窗帘、布艺等装饰品有规律地为儿童房变换颜色。但对于婴儿而言，可以选择一些稍带艳丽的色彩，这样可以促进他们视觉的发育；对于已经上学的儿童，他们对周围事物已经有了一定的敏感度，所以他们的房间最好选择清新、淡雅的颜色。

另外，父母在为孩子选择色彩时，不能只凭自己的喜好，用大人的眼光去评定孩子的需要，应该适当地尊重他们的想法，再配合房间内的整体风格，为孩子挑选适合他自己的色彩。

游戏空间莫省略：一些儿童房缺少游戏空间，玩具也无处收纳，这会限制孩子活泼好动的天性。因此，儿童房内的家具最好都能靠边摆放，这样留下的中间区域可以作为儿童的活动空间。

另外，创造出足够的储藏空间也是家长千万不能忽略的，孩子成长很快，每个时期都有很多东西，收纳空间尤为重要。柜子自然必不可少，但在儿童房内最好不要把柜子做成死的墙面柜，固定的墙面柜也许能容纳很多东西，但不利于房间格局的调整。儿童组合床是最为合适的，床下的储藏柜可以用来收纳玩具、杂物，既节省空间，又很便捷。

装饰、安全两不误：家长们往往将一些非常精致的装饰品摆放在儿童屋中，如水晶玻璃等，但这些美丽的饰品却会给孩子的安全带来隐患。家长在布置儿童房时，应尽量避免选择会危害儿童健康和安全的饰物。

家长还需要注意儿童房的照明问题。合适且充足的照明能使房间温暖、有安全感，有助于消除儿童独处时的恐惧感，但房间过于明亮，也会对儿童的视力造成伤害。

7~12岁儿童房设计要点

设计特色：用灯光打造学习、生活空间。

此阶段的孩子开始进入学校学习，在儿童房中游戏已不是他们生活的主要内容，取而代之的是做作业与读书。在这个年龄段，家长们开始锻炼孩子的自理能力，让他们学会独立学习和生活。因此，为这个年龄段的孩子打造相对安静的学习生活空间是至关重要的。设计师特别提醒，书桌最好不要放在窗台前，因为孩子很容易被窗外的事物吸引而分心。此外，为了保护孩子的视力，儿童房内的灯光一定要充足，建议家长们尽量避免为孩子选择那些造型可爱、色彩艳丽，但并不安全与环保的灯饰作为看书、做作业时的光源，选择灯饰时应强调光源的稳定性，应采用可调节光线的灯具。

1~3. 对于年龄偏小的孩子，纯度和亮度较高的颜色能刺激他们的视觉发育，训练儿童对于色彩的敏锐度，因此，亮黄色的面板与蓝绿色系的床品是很好的选择。

青少年房间家具的选择

这个时期的孩子，学习是第一位的。一张电脑、书写二合一的桌子是相对经济的配置。桌面最好可以折叠，这样可以根据需要确定桌面的大小。桌腿高度最好是可调式的，椅子同样也要能配合身高、桌高随意调整高矮。需要注意的是，给青少年选择家具时，家长不要一手包办，要充分听取孩子的意见。让孩子拥有自己满意的生活空间，会让他们更有归属感。

储藏柜：孩子的储藏柜最重要的就是方便。箱子和内柜的高度要使孩子能够拿到他们的东西，还能轻易地放回去。抽屉要配备易握的拉手，而且要容易推拉。深底的易拉筐或格架比抽屉更适合储藏大件衣物，如毛衣或圆领长袖运动衫。小钉板和衣帽夹可以鼓励孩子把常穿的衣服挂上，养成整洁的好习惯。轻便的多用途储藏家具是孩子房间内可以长期使用的家具。选择范围包括塑料的箱子；独立式钢制、木制或是层压板制成的搁物架；容易拉开的钢丝筐；可叠放的塑料板条箱；有大格架的房间分隔柜。它们非常实用，可以放从玩具到书本的任何东西，也可以根据需要随意安排。在装修时定做的储藏柜也可以灵活安排，包括嵌壁式书柜、下部安有抽屉的床等。为孩子的房间选择储藏柜时，要特别仔细检查可能引起意外伤害的毛边。

5. 床头墙以墨青色的背景为底，白色线条勾画出世界地图的轮廓，加上空间里蓝、白色的家具，让空间流露出深远开阔的意境。

6、7. 蜂窝状的图案和造型块在空间充分发挥作用，将一个现代时尚的生活空间呈现在孩子面前，带给他们高质量的生活感受和艺术体验。

POINT　　　　　　　　　　空间解析

1～3. 色彩亮丽缤纷的收纳柜是整个空间的亮点，配合着蓝色壁纸装点的空间，将儿童应有的活泼和可爱尽情发挥。大量卡通图案的重复性使用也是儿童房装饰的一大手法。图中小动物的图案占据了整个墙面，让空间更显活跃。

4. 以白色为主的色彩搭配让空间显得宽敞明亮，却也有点单调，特别是作为小孩房，因此，在床头背景墙上打造亮点，在不破坏整体清爽感的同时，营造出了优雅气质。

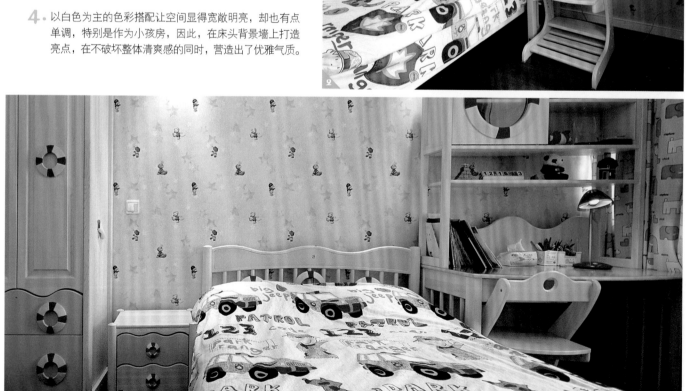

1、2. 细纹壁纸在光线的作用下呈现出丰富的变化，与蓝色窗帘上的花纹相辅相成，营造出一种**整体协调感**。另外，深蓝色与做旧感的家具搭配，打造出独特的气质，引导男孩子心理和兴趣的发展。

3. 男孩子的玩具较多，为此设计师把收纳柜和书柜连接起来解决空间的收纳难题，同时也增加了空间功能区。

4. 偏冷色调的紫色与墨蓝色的搭配将男孩子的期待——实现，不会过于喧闹，也不会过于冷清，可以培养男孩子坚决、果断的个性。

5. 深棕色的墙布搭配同色系的床架,在简约中流露异域风情,将时尚和沉稳的气质释放出来。

6. 淡蓝色的墙面漆配米色家具,带一点海洋的气息,又隐含着淡淡的阳刚气质,让小男孩爱上这里。

儿童房家具摆放注意事项

1.儿童的书桌最好靠墙放置,因为小孩学习时注意力不容易集中,让孩子在学习时直对墙壁,不会东张西望,容易进入学习状态。对于进入青春期的孩子,往往会开始注意打扮自己,因此,在书桌上最好不要放镜子,以免孩子在学习时把精力放在照镜子上,可以提高学习效率。

2.在书桌的摆放上,还要注意以下几点:插线板不要放在桌面或容易碰到的地方,以免发生危险。书桌的上面最好不要摆放高物,以免孩子碰倒受伤。书桌不要正对门,最好左右都不要冲门,以免孩子在学习时产生压抑的感觉。书桌左右不要与厕所、浴室门相对,因为有的墙隔音不好,会听到"哗哗"的流水声。

3.儿童床最好采用南北方向的摆放方式,让人体细胞电流方向与地球磁力线方向成平行状态,可以提高睡眠质量,对儿童身体健康很有好处。儿童对光线和风吹比较敏感,所以儿童床最好摆在通风但不直接面对风口的地方。若面向窗户,阳光不宜太强,要做适当的遮挡,太强的阳光会刺激孩子的眼睛。晚上睡觉时最好采取比较好的遮光方式,以免儿童半夜被车灯或者异常的灯光惊醒。床的周围可以放置一些柔软、可爱的玩具,伴随儿童进入梦乡。床头的周围,不要放置或悬挂大镜子,防止夜间反光惊吓到孩子。

4.儿童床不可摆放在横梁之下,横梁压顶,会给孩子带来沉重的压力感,这样孩子易做噩梦,会影响孩子的精神状态。现在社会上还有着这样一种观点,孩子的床位应与父母的床位放置于同一方向,据说这样会有助于孩子与父母感情的沟通。科学研究表明,如果家中有两个以上的孩子合住一个房间,将他们的床放置于同一方向,会增进兄弟姐妹之间的情感交流。

5.儿童房内的家具是为了让孩子多一点自己的储物空间,要放在孩子可触及的地方,从小锻炼他们自己动手做家务的能力。可直接放在地面的收纳箱是最理想的选择,最好准备一些大箱子,可以装下他们随时想玩的玩具,使他们从小就保持一个好的收纳归类习惯。儿童喜欢在墙面上涂鸦,可以在墙上放置一块画板,留给孩子"自由发挥";还可以把孩子的作品挂在墙上,鼓励孩子,激发孩子的创作想象力。

7. 特别设计的吊顶让孩子的床处于一种半包围的状态下,加上与飘窗、书桌,甚至包括收纳柜的联合设计,都带给人一种不可思议的整体感,这种完整性能让孩子更有参与感和协调性。

儿童房装修5个关键方向

孩子的健康成长与房间的装修布置息息相关，因此，在为孩子进行房间装修布置时，可以利用一切实际的对象来启发孩子的灵感，增加孩子的想象力，在对房间布置上要把握好以下5个方向。

1. 色彩的选择

和高低起伏、清脆悦耳的声音对小朋友的听觉有影响一样，千变万化的色彩，也会刺激小朋友的视觉发展，在进行色系选择时，可以依"男女""长幼"来激发创造力的源泉。

通常小学五六年级以后的男孩子会偏好深色或单一色系等象征阳刚气息的颜色，此时建议家长不妨交出主控权，让孩子依照自己的色彩喜好选择适合的家具。

2. 创造寓学习于玩乐的独立空间

在没有兄弟姊妹的陪伴下，许多爸爸妈妈都扮演起小朋友"玩伴"的角色。孩子与大人游戏，虽然可以让孩子获得充分照料，却也会限制其独立性以及想象力的发展。为此，市面上许多儿童家具的设计就专为学龄前儿童添加了许多游戏功能：帐篷式的梦幻城堡让小朋友能够在自己独享的梦想王国里玩积木、小汽车或做白日梦。另外，依照小朋友的身材比例设计的小凳子、小桌子，也能让小朋友尽情扮家家酒。

3. 房间中摆放能启发灵感的艺术品

欧美的小孩大多在充满艺术气息的环境下长大，因此，家长不妨在家中及小朋友的房间内，多摆设一些色彩鲜明、活泼有趣的图画，来激发孩子无边的想象力与创造力。

4. 利用活泼的卡通人物建立安全空间

童年时期，独自面对黑暗往往是大多数小朋友都无法克服的难题，其实解

决的方法很简单，爸爸妈妈可以在儿童房里装设卡通人物脸谱或是造型可爱的小夜灯。如此一来，不但可为孩子赶走夜里醒来的恐惧感，也能兼具照明功能。

5. 房间摆设时应特别注意协调性

舒适和谐的居家摆设及设计良好的家具，可以协助孩子手眼协调能力的发展；相反的，不舒服的颜色、不安全的摆设及脏乱的房间，将直接对儿童身心发展造成不良的影响。

POINT   空间解析

1. 简单的设计也是儿童房设计的要诀，过多的装饰反而不易于儿童的身心成长。图中的无设计状态也是最实用的设计，且能节约装修成本。

2. 同一系列的床和榻紧挨着摆放，将休闲的氛围和悠然的情趣都表现出来，加上白色的整体家具，更显格调。

3. 富有特色的墙纸是点亮整个空间的道具，再加上字幕壁画，更是增添了空间的艺术气质。

4. 窗台的设计让男孩房的光线十分充足，在孩子阅读时可以保护视力。

5. 沉稳的色彩搭配和简约的线条感让男孩子的个性愈加硬朗、鲜明，布艺和床品的选择也以培养男孩子沉稳的个性为主，家具以白色为主调，用来衬托玩具和模型，将兴趣爱好很好地融合在环境中。

6. 床头靠背以搁架的形式作为日常收纳、陈列的空间，为刚学会自理生活的小孩提供了更多的便利条件，有助于他们从小学习独立。

男孩房采用地中海风格设计，和居室的整体风格相搭配。淡色系的色调搭配蓝色的点缀，让空间更具活力。

1. 富有特色的壁纸让空间充满艺术气质，加上简约设计的单人床和书桌，为孩子营造了一个温馨的安乐窝，让他们从小就接受艺术的熏陶。

2. 床靠窗摆放，安全便成为优先考虑的问题，护墙和开窗的形式都很好地保护了孩子的安全，加上敦厚实在的多功能床架，兼顾了孩子的生活和审美。

3. 格子图案的床头墙强调出浓厚的英伦气质，迎合室内以做旧漆上色的木质家具，营造出复古的田园氛围，在典雅中书写宁静、舒适。

4. 手绘的海边城市风景图画与深蓝的床架很好地融合在一起，为孩子提供了一个充满想象的海洋梦境，为生活增添更多的乐趣。

5~7. 蓝色是男孩子偏好的颜色，蓝白搭配也是男孩儿房的首选，但却容易流于平凡，因此，加入紫色点缀，将高雅之气带入空间，更显品位。

 空间解析

8. 空间的层高受限，设计师设计出了低矮的床以适合儿童房的生活所需，同时搭配墙面竖直的墙纸来拉大地面与天花板的距离。

9. 小熊图案和小狗图案的墙纸分别装饰着两面墙，搭配白色、深蓝的家具，一点也不显突兀，反倒中和了活泼可爱的氛围，显出几分沉稳来。

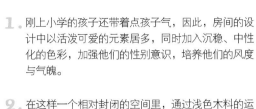

1. 刚上小学的孩子还带着点孩子气，因此，房间的设计中以活泼可爱的元素居多，同时加入沉稳、中性化的色彩，加强他们的性别意识，培养他们的风度与气魄。

2. 在这样一个相对封闭的空间里，通过浅色木料的运用和简约风格家具的布置，营造出一种极具现代个性化的氛围，无形中培养孩子的审美观和自信心。

3. 富有海洋气息的色彩搭配与装饰配置将孩子带入航海时期的冒险故事中，感受大海的韵味，男孩子的活泼和勇敢也在这对海的崇拜与向往中自然流露。

4. 儿童房的灯光也是设计的要点之一，造型优美、光线明亮柔和的灯具既是小孩房不可缺少的装饰，又是最实用的物品。

5. 结合孩子爱好与兴趣的设计会带给孩子更多的归属感，比如爱音乐的以偶像照片或富有艺术气质的装饰来打造，爱画画的以创意墙纸和丰富的色彩来装点，让他们从环境中受到启发。

6. 空间较小，为了更好地利用空间，书柜、书桌及儿童衣帽间都采用了嵌入式手法设计，保持了空间的整体性。

7. 精致的雕花设计呼应飘窗的设计，将浪漫的海洋风情和古典气息结合在一起，为孩子营造一个极具审美情趣的生活空间。

儿童房布置9大学问

1. "铁"计划：为安全系数加分
儿童房，需要重点重视的还是安全。奔，跑，打，闹是孩子们的天性，在嬉笑中难免磕磕碰碰，家长应该做好准备，将可能的伤害降到最低。

2. "钙"计划：搭建合理骨架
儿童房既是孩子们睡觉的地方又是学习娱乐的空间，所以一个真正意义上的儿童房除了床亦需要具有收纳功能的家具，而作为儿童房"骨架"的"物什"自然要有独到的特色。

3. "锌"计划：点亮智力之光
孩子的房间是孩子最初探索人生的场所，他们在这里开始发现世界。家居装饰有助于促进孩子的智力觉醒。

4. 随时可重新摆设的家具
孩子的房间应当可以随着孩子的成长而发生变化：开始时，因为婴儿睡眠的时间比较多，儿童房应当像个安乐窝一样，安全而舒适。很快，孩子就需要在自己的卧室里玩耍。再后来，孩子要在这里学习，做功课，休息，再再后来，青春期又到了……孩子的兴趣变化得非常快，所以房间的布置要能够随时调整。

5. 地面抗磨耐用
小孩子活动空间的地面一定要具有抗磨、耐用的特点。目前，最为实用而且较为经济的就是刷漆的木质地板或其他更富有弹性的材料。耐磨的地面材料例如软木地板、松木地板，都是家长可以安心挑选的对象。可以在地板上铺地毯，为孩子创造一席柔软的玩耍之地。

6. 织物柔软舒适
柔软的织物无疑是孩子们安全生活的重要砝码，其实孩子是颜色的忠实"粉丝"，因此，家长在选择织物的时候可考虑一下

POINT　空间解析

1. 图中设计时特别注重收纳，看似一张简单的儿童房其实可以收纳所有的儿童物品，让空间化零为整。

2. 橘色的床品映衬着白色的空间，将活泼、简约融为一体，加上印花玻璃的运用，更添时尚。

3. 空旷的空间会让孩子感觉害怕或孤独，因此，天花做了一定的处理，并以可调节灯具来配合孩子的需求，为孩子创造了一个舒适而大气的空间。

4. 学龄期的孩子已经学会接受外来的知识和世界，对时尚也有着敏锐的触觉，因此，对于自己的房间设计也会要求时尚个性，彰显个人的气质与魅力。

5. 男孩酷爱球类运动，为此设计师特别加入了很多球类图案。蓝白相间的色彩选择也让空间明朗、大气。

6. 白底黑点的墙纸给人素雅的感觉，搭配条纹墙裙，并以滑雪场景的画面作为分界线，为空间增添了几分时尚感，同时也打破了白色带来的单调感。

孩子对颜色的偏爱。可以选择颜色素淡或简单的条纹或方格图案的布料来做床罩，然后用色彩斑斓的长枕、垫子、玩具或毯子去搭配装饰"素淡"的床、椅子和地面，做到张弛有致。

7. 合理收纳

随着孩子的成长，房间内堆砌的物品也会呈几何级数增长，运用各类收纳物件将杂物化零为整，错落有致，绝对不是难事。收纳物的材料和质地不宜坚硬，布兜、草筐等都是比较理想的选择。不要把所有的玩具在同一阶段倾囊而出，周期性地加以更换，这样不易使孩子失去对玩具的新奇感。可充分利用床下的空间堆放一些暂时不用的物品以增大孩子们活动的空间。

8. 家具装饰时尚新颖

童年，是一个爱做梦的阶段，运用一点小技巧，家具便不再是完成某种功能的器具，而是变成了神奇的东西。它们外形多样，像动物或者花朵，颜色艳丽，可以固定或堆放在各个可装饰的地方，进而改变家具刻板的印象。

9. 预留展示空间

墙壁是不可忽视的角色，聪明的家长可以在上面挂上孩子的涂鸦作品，也可以挂上全家集体DIY的装饰画，意义深刻又丰富多样；甚至可以在壁面上挂一块白板或软木塞板，让孩子有一处可随性涂鸦、自由张贴的小天地。这样既不会破坏整体空间，又能激发孩子的创造力。

颜色促进右脑开发

人类大脑的左右半球担负着不同的功能：左脑侧重于处理抽象的逻辑、文字、数字等，右脑则侧重于想象力、整体意识和色彩等方面。长期以来，很多老师和父母只是片面地注重孩子的左脑开发，却忽视了对右脑的训练，影响了孩子艺术天分的开发。

早教专家指出，右脑的开发对儿童智力的发展具有决定性意义，家长应该抓住 0~3 岁的黄金时期，利用各种机会，最大程度地促进孩子的右脑开发。在方法上，除了利用舞蹈训练、绘画训练、让孩子做简单的设计、多进行亲子沟通等方式之外，为孩子营造一个具有艺术氛围的居住环境也是一种重要的方式。可以通过色彩绚烂、带有童趣图案的壁纸等刺激儿童的视觉神经，使儿童对形状复杂、色彩鲜艳、有视觉深度的图形感兴趣，从而促进他们的大脑发育。

色彩选择男女有别

用颜色和图案来装点儿童房也有不少讲究，一般男孩房间最好选择青色系的家具，包括蓝、青绿、青、青紫色等，女孩房间则可以选择以柔和的红色为主色的家具，比如粉红、紫红、红、橙等，黄色系则不拘性别，男孩和女孩都可以选择。

除了家具的颜色，墙壁颜色的选择也要与家具相搭配，可以选择彩色乳胶漆，也可以选择壁纸。比如，一些带有蓝天、白云、绿草、小动物图案的壁纸，或者一些带有拼音、汉字的设计，可以为孩子营造多彩多姿的居住氛围，也能激发宝宝的想象力，开发宝宝的学习能力。

空间解析

1. 米色调的空间以简约壁画装饰，流露出沉稳大气，加上马赛克拼花的设计，无形中培养男孩子的品位与气质，增强他们积极向上的心理。

2、3. 蓝、红、黄、白色的格子与白色搁板让墙面生动起来，却不会过于喧闹，搭配卡通床品，将孩子的顽皮与成长中的个性很好地中和起来。

4. 富有特色的墙纸让整个空间显得饱满而富有生气，树枝形的搁架也是点亮空间表情的元素之一，让素雅的空间生动起来，更符合孩子的脾性。

5. 悬空式的床架让光线畅通无阻地照到地板上，让这个狭长型的空间每一处都显得光明透亮，而富有艺术气质的墙纸和简约型的家具布置，又为空间增添了个性的一笔。

6. 本案原为一个储藏室，应屋主的要求改造成儿童房。长方形的空间格局在设计师良好的设计理念中，展现出一个功能齐全、干净整洁的儿童房。

1、2. 棕色的绒面墙布与褐色的绒布窗帘让空间显得尊贵、高雅，同时也将男性的气质彰显出来，虽然是小孩的房间，却有着不可忽视的男子汉气质。

3. 格子图案的墙纸搭配灰蓝色的家具，将英伦风情展露无遗，而简洁的布局与色彩搭配也很好地映衬了男孩子好动的个性，帅气而清爽。

4. 床头墙被利用起来做了一排储物柜，将储物、展示兼于一身，既节省了空间，又将实用和美观完美结合在一起，为孩子留出更多的空间。

5. 中性色的基调将男孩子的气质和个性很好地表现出来，同时将男孩子喜欢的飞机、球类元素运用在墙面装饰上，打造了一个帅气而活泼的空间。

6. 儿童床特意安排在窗边，可以让孩子清晨醒来就能看到窗外的美景。窗台也有延伸设计，有效地保证了儿童空间的安全性。

7~12岁儿童房家具选购要点

7 ~ 10 岁

家具特点： 具有读书功能、强调安全性

功能要求： 各个功能兼具、培养各种爱好

7 岁左右的儿童已经开始上学，可以独立生活。首先，书桌的高度要符合他们的身体需求；为了更好地培养他们的独立生活能力，应为他们设立衣柜。这个年龄段的孩子兴趣爱好广泛，所以需要更大的橱柜来收纳他们的玩具、模型。

10 ~ 12 岁

家具特点： 增加舒适性、强调学习功能

功能要求： 合理规划收纳空间、有助于儿童生活自理

低矮一些的开放性衣柜很适合儿童使用，最符合他们的身高。随着所学知识的增加，书柜在这个时期是儿童房里不可缺少的。在这个年龄段，孩子已经有了自己的性别特点，所以应当适当添加符合其性别特征的家具。

儿童房的照明设计注意要点

1. 可在壁式灯具口加上墙式减光开关，这样便于孩子晚上开、关电灯；由于开头入墙，导线不外露，又可避免孩子摆弄导线造成危险。调光开关还可在父母与孩子相处时营造亲密气氛，有助于孩子尽快入睡。

2. 儿童居室的插座，不能让到处爬的孩子抓到，最好应选择有封盖的开关。

3. 简单的百叶窗帘可在白天休息时遮光，如果用卷帘，所选卷帘必须要有好的遮光效果。

4. 在一个电源点上超负荷联接许多用电设备是很危险的，因为孩子的玩具或学习用具，如电动火车、小赛车和不断增加进来的电视机、收音机、音响、电脑等现代设备会需要许多插座，因此，儿童居室至少需要6个电源插座，其中2个要在学习区的上方，其他可设置在墙角。在儿童房布线时要加一套响铃监控系统。把儿童的线路扩展到主卧室、起居室、厨房等地方，这个布线系统上可随时接插小设备（诸如保湿报警器、小视频监视器等），这样能方便照看孩子。

5. 儿童房需要比较多的灯，要随着孩子成长的不同时期而放置。例如：婴儿所需要的光源仅局限在照看孩子、喂奶、洗澡等活动上，应加装光源的调光器。在夜晚，可把光线调暗一些，以增加婴儿的安全感。另外，床头须置一盏足够亮的灯，以满足大一点的孩子在入睡前翻阅读物的需求。同时，在书桌前必需有一个足够亮的光源，这样会有益于孩子游戏、阅读、画画或做其他活动。

小学时期的儿童房布置要点

除了应使小学生有个舒适的睡眠环境外，学习环境安排应以激发孩子的学习兴趣、启迪创造力和培养良好的生活习惯以及独立的生活能力为原则。学龄期儿童居室的睡眠区可采用沙发床、单层床、双层床的形式。

学习区应根据学龄差别来安排，低年级的小学生可设款式简单的儿童学习桌、书架、书写用的黑板等，随着年龄的增长可增设书架、抽屉等。为了方便儿童的起居生活，还应在他们的居室内设置适当的贮藏空间，以便放置衣物等。

POINT　　　　　　空间解析

1. 错层的吊顶设计让床和学习区仿佛处于两个完全不同的世界，为孩子带来新奇感的同时，也营造出个性、时尚的氛围。

2. 床头墙上以内凹的圆形设计为空间增添了不少乐趣，加之一旁的趣味搁架，可刺激孩子的大脑发育，促进孩子的智力开发。

3. 一个小开窗夹于两堵大而厚实的承重墙之间，给空间带来很迥异的视觉感。设计师通过定制一个相应的收纳柜来改变这种现状，收纳柜还可当飘窗使用。

4. 上悬式收纳柜加上藏灯的效果俨然是一个美妙的玄关，也有效地和书桌连为一体，看上去一气呵成。

5. 纯实木的面板将整个空间包裹起来，带给人一种在木屋中居住的感觉，简约的设计将收纳功能隐藏在平整的表面下，让人感受高雅的格调。

6. 活动式的组装床架可以根据孩子的意愿自行变换，加上系列家具的搭配，整体感更强，也更受孩子欢迎。

7. 床架与书桌、衣柜属于同一系列，既方便搭配，又能很好地满足孩子的各种需求与兴趣爱好，是家长放心的选择，也是对孩子贴心照顾的体现。

青春期儿童房布置要点

有了自己的小秘密，12~18岁的孩子已慢慢有了大人的样子，也有了空间领域意识，这时应告诉他们如何收拾自己的东西。因此，不妨多准备两三个衣柜、置物篮或储物箱。另外，带穿透性的层隔架比密实的柜子要好一些。

空间解析

1. 亮丽的青草绿与纯净的白色搭配，加上绿草地般的地毯和黑白条纹、格子的点缀，营造出一个充满自然环保气息的空间。

2. 兄弟俩共处一室，相同的设施让空间显得丰满而生动，花藤图案的壁纸与窗帘映衬着灰色的床品，让空间充满爱。

3. 透明的材质总是给人一种冷艳而神秘的感觉，深蓝的色调更加强了这种感觉，在蓝白的对比中感受海洋般的深邃与冷静。

1、2. 这是地中海风格别墅的儿童房设计。墙面统一采用白色条形木板装饰来搭配蓝色的床品，展示出一个令人向往的异域风情空间。

3. 床头墙以高楼建筑为背景画面，搭配着从整体衣柜中悬挑出来的书桌，个性鲜明而独特，正好满足了孩子追求个性的心理。

4. 对于即将成年的孩子来说，摆脱童趣是他们最大的心愿，于是将黑、白、灰的简约、时尚充分发挥出来，书写出一份优雅华贵和成熟稳重。

将两张单人床并列排放，对于可以完全自理的孩子来说，既可以帮助照看家中年幼的兄弟，又可以让朋友留宿，不管是哪一种都不会让家中的孩子感觉到孤独。同时，典雅高贵的配置又提升了孩子的生活品质，让孩子更有自信。

儿童房家具的选购原则

儿童房家具要少而精，合理巧妙地利用室内空间，最好是多功能、组合式的，家具应尽量靠墙壁摆放，以扩大活动空间。

绚烂的色彩

儿童居室的色彩宜多彩、活泼、明快，家具也应如是。通常，绿色对儿童视力有益，蓝色、紫色可塑造孩子安静的性格，粉色、淡黄色适合培养女孩子温柔、乖巧的个性……不过，大红、橘红等过于艳丽的颜色，应尽量避免在儿童房大面积使用，否则会过于刺激大脑，让儿童出现亢奋的状态。

强调空间节省和充分利用

平常的三口之家，儿童房承担的功能除了休息外，还执行了学习的功能。所以孩子们的房间除了床、衣柜，多半还要摆放一张写字台。

目前市面上出售的儿童家具，都有多功能、组合式的特点。此外，儿童家具的"成长"性也成为设计重点。所以时下的儿童家具，更准确地说，应该叫做"青少年家具"，这样的家具配有可拆换的贴面板，随着孩子的成长，可以通过更换贴面板的图案来体现个性、气质、爱好等变化的需要，而家具在尺寸上则和成人家具基本接近。

重视环保

孩子们的身体尚未发育成熟，家具选材特别重要，不但要考虑耐擦洗、耐磨、耐用等实用功能，更要采选无污染、纯天然的材质。尤其是一些气味刺鼻的家具，最好不要搬入孩子的房间。

POINT　　　　　空间解析

5. 两面开窗的设计为儿童房提供了最充足的光线，加上室内的饰品，让空间倍显非凡品质。

空间虽小，但五脏俱全；呈上升状的墙纸如妙曼的舞者，给空间带来了活动力。

1. 古典花纹壁纸与怀旧感的地砖为空间营造出怀旧温馨的氛围，加上深色木质家具的点缀，温馨的气息更为浓厚，在床品上则以蓝、白的搭配突出亮点，让空间不至于显得陈旧。

2. 以棕色为主色调的空间以时尚简约的风格来进行诠释，为渐渐步入成年人行列的孩子营造一个成熟的环境，进而培养他的兴趣与个性。

3. 深色木饰面与卷草图案的镜面配合着富有野性气质的床品，让空间弥漫出成熟男孩的魅力与威慑力。

4. 上升的阁楼式空间为孩子提供了一个相对私人且独立的空间，大面窗为空间提供了充足的光照，房内设计以素雅大方的设计为主，流露出温馨的气质。

5、6. 开阔的空间以明艳的色彩来诠释，并无过多的装饰，浅色的木地板、彩色条纹的床品、黑色大书桌、红色床靠背和白色的简约壁画，勾勒出一个时尚大气的卧室。

7. 整体素雅的色调中加以灰蓝、紫、黑的格子点缀，打破素雅色调带来的单调感，同时也清晰地区分出空间主人的性别。

8. 银色镶边与灰色的搭配将欧式风格的典雅、华贵表露无遗，成熟大气的空间布置将房间主人的个性与追求很好地体现出来。

1、2. 蓝白色的条纹、创意沙砾墙面以及船形图案，将男孩子心中的航海梦真实地反映到生活中，培养男孩子的气质，也提升了他们的生活勇气。

3. 深浅不同的蓝色与白色搭配，将男孩子最憧憬的海洋梦搬入现实，在耳濡目染中培养孩子自信、勇敢的个性。

4. 装饰壁画、大卫的石膏头像很好地说明了房间主人的兴趣爱好，爱好美术的男孩子拥有敏锐的时尚触角与独特的审美观，因此，房间的布置要以表现个性为主。

5. 该空间设计较为简约，简约的空间也要有空间主题。图中，床头墙上的巨幅荷花，让空间主题鲜明，同时也使空间更为活跃。

6. 藏蓝色的运用让空间平添了几分深邃感，不同于蔚蓝色的深远，它带来更多属于男孩子的浪漫情节——对于海和天空的向往、挑战。

儿童房环境指标

根据国家有关规定，儿童房中的室内环境指标有以下几种：

二氧化碳：小于 0.1%。二氧化碳是判断室内空气的综合性间接指标，浓度增高，可使儿童产生恶心、头疼等不适症状。

一氧化碳：小于 5 毫克／立方米。一氧化碳是室内空气中最为常见的有毒气体，容易损伤儿童的神经细胞，对儿童成长极为不利。

细菌：总数小于 10 个皿。儿童正处于生长发育阶段，免疫力比较低，要做好房间的杀菌和消毒工作。

气温：儿童的体温调节能力差，夏季室温应控制在 28℃以下，冬季室温应在 18℃以上，要注意空调对儿童身体的影响，合理使用。

相对湿度：应保证在 30%~70%，湿度过低，容易造成儿童的呼吸道损伤；过高则不利于汗液蒸发，会使儿童身体不适。

空气流动：在保证通风换气的前提下，气流不应大于 0.3 毫秒，过大则易使儿童有冷感。

采光照明：儿童在书写时，房间光线要分布均匀，无强烈眩光，桌面照度应不小于 100 米烛光。

噪声：对儿童脑力活动影响极大，一方面易分散儿童在学习活动时的注意力；另一方面，长时间接触噪声可造成儿童心理紧张，影响其身心健康。儿童房间的噪声应控制在 50 分贝以下。

1、2. 欧式风格与现代风格混搭，结合独特的空间结构形式，加入布艺、墙纸、石材等元素，充分体现儿童房的特质，将温馨、甜美、舒适完美融合。

3. 混搭元素的空间流露出田园般的清新和地中海般的明朗，让人感觉优雅、舒爽，这样的空间正好迎合了男孩子天生对于大海的向往。

4. 圆拱形的垭口将空间分为睡眠、学习两个区域，各自独立又相互连通，加上浅蓝色的墙面漆，为空间带来蔚蓝色的幻想，让孩子的心更加自由。

该男孩卧室设计得较为成熟，是典型的适合青少年的设计。天花、柜子、床等都凌角分明；大型的开窗让室内的光线更为明亮。

窗帘在室内的作用可不一般，它不仅为家居装饰起到了画龙点睛的作用，更重要的是它与我们的健康密切相关。儿童房是宝宝在家中休息、玩乐的小天地，窗帘的选用就更大有讲究，家长只有注意到了其中的玄妙之处，才能让宝宝更加健康快乐地成长。

玄妙之处一：要注意儿童房窗户的朝向

儿童房窗户的朝向不同，房间内的光照强度也就不一样，因此，要根据阳光的指数选择窗帘：

1. 东边选个百叶窗

东边房间早晨阳光最充足，可以选择丝柔百叶帘和垂直帘，它们能通过淡雅的色调调和耀眼的光线，而背面的布料叶片则能降低光线强度。这种温和的光线，能让宝宝醒来的第一眼，就有一个好心情。

2. 南窗配双层窗帘

南窗是向阳的窗口，光线温暖却含有大量的热量和紫外线，阳光会在早晨透过窗帘影响人们的休息。所以，南窗选择窗帘就要考虑防晒、防紫外线的需求，需能将光线散发开来。

双层窗帘是南窗的最佳选择。白天展开上面的帘，不仅能透光，将强烈的日光转变成柔和的光线，还能观赏到外面的景色。晚上拉起下面的帘，能给宝宝一个安睡的环境。

3. 西窗选个有褶帘

夕阳西下时，光照很强。百叶帘、百褶帘、木帘和经过特殊处理的布艺窗

帘此时都是不错的选择，它们都可以通过本身的平面，使阳光在上面产生折射，从而减弱光照的强度，给家具一些保护。因为强烈的阳光会损伤家具表面的色彩和光泽，布料也容易褪色。

4. 北边选个艺术窗帘

北边的光线比较温和均匀。通常北边的窗户适合选择一些蛋黄色或者是半透明的素色窗帘，不要用深色的窗帘。另外，窗帘图案不宜过于琐碎，花纹也不宜选择斜线，否则会使人产生倾斜感。

玄妙之处二：要注意儿童房窗帘的色彩

儿童房最好选择色彩柔和、充满童趣的窗帘。窗帘色彩的选择也要根据季节的变换而有所区别，夏天色宜淡，冬天色宜深，以便调整心理上"热"与"冷"的感觉。在同一房间内，最好选用同一色彩和花纹的窗帘，以保持整体美，也可避免杂乱之感。

玄妙之处三：要注意儿童房窗帘的图案

儿童房窗帘的图案，要从儿童的心理出发，比如，星星和月亮的图案，能让宝宝情绪安静。再有，还可以选择各种卡通图案，比如米老鼠、小熊维尼等，能让宝宝有亲切之感。

玄妙之处四：要注意儿童房窗帘的薄厚

窗帘的厚薄不同，其使用中的功能也不一样。如薄型窗帘，可把强烈的阳光变为纤细而柔和的浸射光，既挡烈日，又使室内明亮、光洁；而厚重的花绒布及平绒窗帘则在防止噪音干扰方面效果较好。

儿童房的窗帘最好选用双层窗帘，在白天阳光过于充足时，用

清爽简洁的布置很有大人样儿，大面窗的采光让室内空间更加开阔明亮，孩子的个性与气质可见一斑。

薄窗帘遮挡，在夜间用厚窗帘，给宝宝一个安静的睡眠环境。

玄妙之处五：要注意儿童房窗帘的材质

从材质上分，窗帘有棉质、麻质、纱质、绸缎、植绒、竹质、人造纤维等等。其中，棉、麻是窗帘常用的材料，易于洗涤和更换；纱质窗帘装饰性较强，能增强室内的纵深感，透光性好；绸缎、植绒窗帘质地细腻，遮光、隔音效果都不错，但价格相对较高；竹帘纹理清晰，采光效果好，而且耐磨、防潮、防霉，不退色，最适合南方的潮湿环境；百叶窗目前比较流行，在选择时，可以先触摸一下叶片是否平滑、有没有毛边，然后将帘子挂平试拉，看看开启是否灵活，最后转动调节杆，检查叶片翻转是否自如。

POINT　空间解析

1. 大大的飘窗为屋主提供了一个良好的观景平台，映衬着室内素白的陈设家具，显得清亮、时尚。

2. 明亮的色彩与简洁的布置为空间打上最丰富的表情，带给人最积极的畅想，孩子的思维和个性也随之远行。

3. 地台式的设计与低矮的床带给人一种日式设计的感觉，让身在其中的人感受时尚、简约、自由与放松。

白色与灰蓝色的搭配简单而冷静，因此床头墙上装饰了一道花纹壁饰，在打造完美的成熟空间的同时也避免了单调感。

如何选择儿童房的壁纸

当你在为孩子房间墙壁如何处理发愁时，可以考虑用壁纸来丰富孩子房间的装饰元素。而如何选择儿童房壁纸，则是一门学问。

一、布置要安全

孩子是父母的心头宝，不能受一点伤害。

同样，家居设计和装修布置时，不能让孩子受伤害就是儿童房装修的第一要点了。在孩子使用器具的选择上，大人应避免选用尖锐、带伤害性的家具。

二、环保最重要

在材质方面，儿童房的装修最重要的一点就是防污染，要环保。因为孩子对外界污染的抵抗能力较成年人弱，成长期的孩子心肺等各器官的功能都尚在发育中，呼吸频率较成年人高出近 30％，而肝脏等器官的排毒能力则不够。因此，儿童房装修最基本也最重要的原则是无污染、易清理，所用材料的材质应尽量天然，且加工程序也是越少越好，如此才能保证环保的要求，保证居住于其间的孩子的身心健康。

因此，尽管壁纸的种类多种多样，有纸基壁纸，有纺织物面壁纸，有 PVC 壁纸和天然材料面墙纸等，但儿童房壁纸却最好使用纸基壁纸，因为这种壁纸由纸张制作而成，透气性好，夹缝不易爆裂，具有良好的环保性。同时，天然材料面墙纸虽然原材料也是天然环保的类型，但由于其价格高昂，且耐久性和防火性也较差，不适合活泼好动、具

破坏力的孩子使用。同时，纸基壁纸价格比较便宜，儿童喜欢新鲜事物，长久地使用同一种花色的壁纸，会让孩子厌烦；且孩子好动，壁纸贴上不久就会被破坏，需要更换，选用纸基壁纸家长换起来也不会太心疼。

三、色彩搭配

墙纸的色彩方面还是要适当选择些大海、小鱼、蓝色的花纹等图案，有利于小孩的身心发展。

POINT　　　　　　空间解析

1. 灰色象征诚恳、沉稳、考究，无形中散发出睿智、成功、权威等强烈的讯息，在成功人士中倍受青睐。孩子长期生活在这种代表高品质生活的颜色中，会无形中培养他的品位，增强他追求成功的心理。

2. 以抬高的地台作为床的设计让空间流露出一种清爽感，加上整面墙的柜体与原木地板的搭配，将男孩子清爽干练的形象表现出来。

3. 以灰色为主调的空间流露出温馨的感觉与优雅的气质，横条纹的窗帘、简约的家具搭配，以及黑色墙面装点的以船为主题的壁画，都充分表现着男子气概，将勇敢、果断、温和的气质尽显。

4、5. 原来和主卧相连的空间格局，设计师设计了墙体柜作间隔，同时也兼具了玄关的作用。

1、2. 棕色是一种表达沉稳、内敛气质的中性色，这里以实木家具来搭配，让孩子容易急躁的心得以平静，培养其沉稳的性情。

3. 花藤图案的墙纸让整个空间处于"花香四溢的春季"，再搭配军绿色的床品、卡通图案的布艺、壁画，让人倍感温暖。

4. 丰富的色彩搭配让空间显得丰满而生动，与畸形房顶形成很好的搭配，不会让人觉得喧闹，反倒有种相得益彰的感觉。

1. 厚实的床靠背让人倍感安全，搭配简单的格子床品与不规则的床头柜，充分彰显出个性。

2. 格子图案运用在墙裙部分，为空间注入了英伦风情，同时也带来了动感，结合孩子喜欢的球类运动，打造了一个富有活力的运动型空间。

3. 镜面玻璃与镂花屏风的运用让空间充满中式韵味，同时也表现出成功人士所具备的沉静、内敛，让成长期的孩子从中受到一定的熏陶。

4. 这是地中海风格中的儿童房设计，蓝、白相间的设计形式也呼应了空间风格的主题，竖直纹理的墙纸拉大了空间的高度。蓝色的吊顶设计与白色的家具、假窗协调一致，将地中海的浪漫、深远、温馨表达得淋漓尽致，给孩子营造了一个纯净的空间。

5. 床依靠着L形墙面最大地提高了安全性能。高高的收纳柜起到了窗台与睡眠区的隔断作用，同时也有展示效果。

6. 整体空间以偏冷的色调表现出沉稳的气质与冷静的个性，墙上以涟漪状的水圈墙纸装点，既增添了空间的动感，又凸显出空间品位。

1. 青少年时期的孩子正处于思想叛逆时期，因此，以简约的风格和灰色调来处理空间，在彰显其个性的同时也能沉淀他们的心境。

2. 图中是设计师专门为 16 岁的男孩设计的房间，此年龄段的卧室设计和大人卧室没有过大的区别，依墙而设的简易书桌满足了平日学习的需求。

3、4. 以垭口作隔断的空间有着隔而不断的通透感，加之镂花元素和纱幔的运用，更添几分神秘，浓厚的异域风情就此呈现。

5. 灰色的纹理墙纸与虎纹的床品很好地搭配在一起，将男孩子沉静、野性的阳刚之气以设计的语言表达出来。

6. 实木质感的家具以典雅的造型与精美的雕花装饰，对称布置的装饰壁画应景地以建筑风景为主题，让空间的艺术氛围更为浓厚。

7. 软包装饰的柜门成为空间的焦点，不经意看就像是一堵墙。这种设计也提升了空间的品位。

8. 几何块状的墙布拼接为孩子呈现丰满的墙面艺术，打破单调感，为整个灰色调的空间添上精彩的一笔。

1、2. 做旧木打造的衣柜上以绿萝装点，配合着墙纸上的花蜥蜴，一真一假的配合将田园气质与怀旧感觉表现得惟妙惟肖。

3. 以搁架作为空间隔断，既保证了空间的通透感与光亮度，又让睡房保持一定的独立性，而这面通透的隔断墙也是孩子收藏、展示"宝贝"的窗口。

4. 喜爱机械动漫的孩子都有着好动的因子和冒险精神，用孩子喜欢的动漫壁纸装点墙面，能引导孩子的兴趣爱好，让其变得勇敢、活泼。

5、6. 优雅的软包设计映衬着皮质床头，给人安稳、踏实的感觉，加之一旁的桌椅组合，将一个精致的迷你书房呈现出来，打造出高品质的生活享受。

灰色调的窗帘、墙纸搭配白色的床品，表达出冷静、沉稳的气质，加上床头墙上的印花玻璃，更添几分时尚、神秘。

简练的设计加上沉稳的色调将男子气概表现得淋漓尽致，欧式的华贵和简约的时尚为男孩子书写出男子汉气概的序章。